Erfolg durch professionelles Delegieren

Jürgen W. Goldfuß ist seit 1989 selbstständiger Unternehmensberater und Trainer für Führungskräfte. Davor war er als Projektleiter, Produktmanager, Schulungsleiter und Marketingleiter bei verschiedenen Unternehmen im In- und Ausland tätig. Bei Campus sind bislang *Endlich Chef – was nun?* (2000) und *Trouble-Shooting für den ersten Führungsjob* (2002) erschienen. Weitere Informationen unter: www.goldfuss.com

Jürgen W. Goldfuß

Erfolg durch professionelles Delegieren

So entlasten Sie sich selbst und fördern Ihre Mitarbeiter

Campus Verlag
Frankfurt/New York

Bibliografische Information der Deutschen Bibliothek

Die Deutsche Bibliothek verzeichnet diese Publikation in der
Deutschen Nationalbibliografie. Detaillierte bibliografische Daten
sind im Internet über http://dnb.ddb.de abrufbar.
ISBN 3-593-37210-X

Copyright © 2003 Campus Verlag GmbH, Frankfurt/Main
Umschlaggestaltung: Guido Klütsch, Köln
Umschlagmotiv: © zefa visual media, Düsseldorf
Satz: Fotosatz L. Huhn, Maintal-Bischofsheim
Druck und Bindung: Druckhaus Beltz, Hemsbach
Gedruckt auf säurefreiem und chlorfrei gebleichtem Papier.
Printed in Germany

Besuchen Sie uns im Internet: www.campus.de

Inhalt

Einleitung: Wenn Fleiß zum Karrierehindernis wird

Geht es Ihnen auch so wie vielen Ihrer Bekannten und Kollegen: Sie haben zu viel zu tun, zu viel Arbeit und zu wenig Zeit? Wünschen Sie sich manchmal ein paar Stunden mehr pro Tag oder gar einen zusätzlichen Arbeitstag in der Woche, damit Sie Ihren Job in Ruhe erledigen können? Haben Sie eine neue Stelle angetreten, wurden befördert, erhielten einen neuen Aufgabenbereich? Und jetzt sind Sie sich nicht ganz sicher, ob Sie all die neuen Aufgaben bewältigen können? Oder sind Sie schon einige Zeit in Ihrer jetzigen Position und würden ganz gerne einige Ihrer Tätigkeiten abgeben, um sich auf andere Dinge konzentrieren zu können? Um mehr Zeit zu gewinnen für Wesentliches, vielleicht sogar für Ihr Privatleben?

Träumen Sie ab und zu

- von einem leeren Schreibtisch,
- von Kollegen, die Sie bei der Arbeit entlasten,
- von Mitarbeitern, die Ihnen nur die Resultate ihrer Arbeit abliefern und nicht mit 1 000 Fragen bei Ihnen im Büro erscheinen und Sie von Ihrer eigentlichen Arbeit abhalten,
- von freien Stunden am Tag, in denen Sie sich mit der Zukunft beschäftigen können,
- von Tagen, an denen nicht dauernd Ihr Telefon klingelt, und

- von Abenden zu Hause, an denen Sie einen angenehmen und interessanten Arbeitstag noch einmal Revue passieren lassen?

Wunderbar, sagen Sie, wenn ich weniger Arbeit hätte, dann könnte ich mir eine solche Situation durchaus vorstellen. Aber Sie haben halt zu viel zu tun. Eigentlich würden Sie aber schon ganz gerne Arbeit abgeben, oder? Aber was könnten Sie abgeben? Und an wen? Und was passiert, wenn etwas passiert, wenn etwas schief geht: Wer trägt dann die Verantwortung? Sind andere überhaupt in der Lage, einen Teil Ihrer Arbeit zu übernehmen? Und mit derselben Qualität auszuführen? Was denkt Ihr Chef, wenn Sie Aufgaben delegieren? Glaubt er vielleicht, Sie seien zu langsam oder etwa überfordert? Und was mögen Ihre Mitarbeiter denken? Etwa, dass Sie einfach zu faul sind, um selber zu arbeiten? Und welchen Einfluss hat Delegieren auf Ihr Image, auf Ihre Karriere?

Delegieren – geht bei Ihnen wahrscheinlich nicht, sagen Sie. Sie sehen einfach zu viele Risiken auf sich zukommen. Deshalb bleiben Sie sicherheitshalber abends länger im Büro – im Glauben, dass Mehrarbeit eben zur Chefrolle gehört. Anderen geht es ja auch nicht anders, das ist eben der Preis für die Karriere. Willkommen im Hamsterrad. Denn durch diesen Irrglauben wurde schon so manche Nachwuchsführungskraft »verheizt«, beraubte sich selbst der Chance, ihr wahres Potenzial zu entfalten. Aber all Ihre Fragen und Befürchtungen sind berechtigt, denn eine der schwierigsten Aufgaben einer Führungskraft ist die Entscheidung, die richtige Aufgabe der richtigen Person zum richtigen Zeitpunkt zuzuweisen.

Diese Entscheidung kann das K.o.-Kriterium für die weitere berufliche Karriere sein. Doch es ist eine bewiesene Tatsache: Der falsche Stolz, alles selbst machen zu wollen, ist der sicherste Weg ins karrieremäßige Aus. Wenn aber selbst erfahrene Führungskräfte oft genug ein Problem haben, richtig zu delegieren, wie soll es dann hoch motivierten und engagierten Nachwuchskräften gelingen, Arbeit richtig zu verteilen. Neue Führungskräfte stellen sehr schnell fest, dass Führen ein »anderes Geschäft« ist als die bisherige Fachtätigkeit. Führen erfordert Zeit. Und gerade diese Zeit fehlt, wenn die Führungskraft alle Aufgaben selbst erledigen will. Die Gefahr, sich in Details zu verzetteln, ist sehr groß. Wichtiges ist selten dringend, und Dringendes ist selten wichtig. Diese Erkenntnis zwingt förmlich dazu, den eigenen Arbeitsablauf zu überprüfen und dafür zu sorgen, dass Arbeiten von Personen ausgeführt werden, die diese Tätigkeiten ebenfalls erledigen könnten – zu geringeren »Kosten«.

Jede Führungskraft sollte sich folgende Fragen stellen:

- Ist es effektiver, die wichtigen Dinge alle selbst zu erledigen?
- Welche Tätigkeiten kann ich abgeben?
- Welche Tätigkeiten muss ich auf jeden Fall behalten?
- Welches Risiko gehe ich ein, wenn ich anderen die Verantwortung übertrage?

Es gibt Aufgaben, die sich einfach nicht delegieren lassen. Etwa wenn gesetzliche Vorschriften erfordern, dass nur Sie eine bestimmte Tätigkeit ausführen dürfen, weil nur Sie die erforderlichen Qualifikationen oder Genehmigungen besitzen. So gibt es in jeder Branche spezifische Regeln, die eingehalten werden müssen. Gleichzeitig gibt es aber auch sehr viele Möglichkeiten, Arbeiten zu delegieren – viel mehr Möglichkeiten, als Ihnen heute bekannt sind. Ein Tipp ganz zu Anfang des Buches: Haben Sie keine Angst zu delegieren, geben Sie ab, was Sie abgeben können, denn zu viel Fleiß kann das Ende Ihrer Karriere bedeuten. Lassen Sie sich auf den nächsten Seiten Wege aufzeigen, wie Sie die richtigen Antworten auf Ihre Fragen zum Thema Delegieren finden.

Kapitel 1

Delegieren schafft Zeit

Kapitelüberblick

Wer nicht delegiert, hat zu viel Zeit – wer delegiert, hat mehr Zeit

Delegieren zwingt zum Zeit- und Selbstmanagement

Delegieren heißt abgeben – aber wer gibt schon gerne etwas ab?

Die zehn populärsten Ausreden, warum man nicht delegiert

Die zehn besten Gründe, warum man delegieren sollte

Die zehn beliebtesten Ausreden der Mitarbeiter

Delegieren verbessert die Arbeitsabläufe

Wer nicht delegiert, hat zu viel Zeit – wer delegiert, hat mehr Zeit

Wer nicht delegiert, hat zu viel Zeit. Wer delegiert, hat mehr Zeit. Eine paradoxe Aussage? Nur auf den ersten Blick. Betrachten wir doch einmal eine Führungskraft, die nicht delegiert, die also alles selbst macht. Aus falsch verstandenem Pflichtbewusstsein, aus anerzogenem Arbeitsethos oder ganz einfach deshalb, weil sie noch nie auf die Idee kam, einem anderen Menschen eine Arbeit zu übertragen. Offenbar hat diese Führungskraft ausreichend Zeit zur Verfügung, Zeit, in der sie alle anstehenden Arbeiten verrichten kann. Und wenn die Zeit zu knapp ist, nimmt sie sich einfach neue Zeit aus ihrem Zeitkontingent. Sie wird vielleicht Überstunden machen, am Wochenende arbeiten, Pausen verkürzen oder ausfallen lassen – vielleicht sogar im Büro übernachten. Diese Führungskraft lässt sich ihre Prioritäten vom Tagesgeschäft diktieren und verzichtet freiwillig auf Dinge, die anderen Menschen wichtiger erscheinen. Sie nimmt sich die für die anstehende Arbeit erforderliche Zeit, und offenbar ist noch genügend Zeitreserve im Zeitbudget vorhanden. Ein solcher Chef wirkt nach außen hin dynamisch, viel beschäftigt, fleißig, engagiert, aufopfernd und erfolgreich – zumindest auf den ersten Blick.

Wer nicht delegiert, hat zu viel Zeit. Wer delegiert, hat mehr Zeit.

Es gibt Unternehmen, in denen solche selbstlosen Menschen als Vorbild gepriesen werden.

Vielleicht gehört dieser Arbeitsstil sogar zur Kultur des Hauses. In etlichen Unternehmen werden ein voller Schreibtisch und hektisches Herumwuseln immer noch mit Fleiß und Dynamik gleichgesetzt. Interessant ist in diesem Zusammenhang eine Untersuchung von Heidrick & Struggles, die in der Zeitschrift *Wirtschaftswoche* erschien. Dort wurden mehr als 500 Manager nach ihren Gründen für einen Jobwechsel befragt. Der Hauptgrund, den Arbeitsplatz zu wechseln, war »Unterforderung«. Ganz am Schluss der Gründe erst rangierte der Punkt »Zwölf-Stunden-Tag«. Das Ergebnis erscheint im ersten Moment überraschend. Man fühlt sich unterfordert, hat aber gleichzeitig anscheinend nichts gegen einen Zwölf-Stunden-Tag einzuwenden. Es gibt also offenbar genug zu tun, und trotzdem wird die Tätigkeit nicht als Herausforderung betrachtet. Der Grund? Wahrscheinlich, weil der Arbeitstag ausgefüllt ist mit diesem vielen »Kleinkram«, den irgendeiner machen muss. Mit den vielen unvorhergesehenen Unterbrechungen, mit all den Problemen, die täglich auf einen zukommen. Sollte man aber als Chef, als Vorbild, sich dann nicht Gedanken machen, wie man den Arbeitstag auf ein gesundes Normalmaß zurückschraubt und sich gleichzeitig mit interessanten Tätigkeiten beschäftigt, die das Unternehmen und einen selbst voranbringen?

Eine weitere Untersuchung (Kienbaum High-Potentials-Studie) zeigt die Gründe auf, warum High Potentials scheitern. (Unter High Potentials versteht man hoch qualifizierte Mitarbeiter, die sich durch besondere Fähigkeiten und ihre Persönlichkeit hervorheben.) Der Hauptgrund für den Misserfolg liegt in der Selbstüberschätzung und dem unangemessenen Sozialverhalten. Selbstüberschätzung heißt, seine eigenen Grenzen und Fähigkeiten nicht richtig einstufen zu können. Die Einstellung: »Ich schaffe das schon alleine« ließ schon manche neue Führungskraft die Grenzen der eigenen Belastbarkeit schmerzhaft spüren. Da hätte das Delegieren von Arbeit so manchen Druck vermeiden können. Delegieren heißt, nicht nur Arbeit, sondern auch Verantwortung abzugeben. Es bedeutet nicht, andere nur zu informieren, sondern auch auf eine adäquate Weise mit ihnen zu kommunizieren. Das setzt allerdings ein von den Gesprächspartnern akzeptiertes Sozialverhalten voraus. Zum Delegieren gehört also nicht nur die Fähigkeit, die eigenen Grenzen rechtzeitig zu erkennen, sondern auch, andere zur Mitarbeit zu überzeugen und zu gewinnen – eine wichtige Voraussetzung für den beruflichen Erfolg. Delegieren bedeutet aber nicht nur die Übertragung von Aufgaben und Verantwortung auf vertikaler Ebene, vom Chef zum Mitarbeiter. Bei den heutigen Arbeitsstrukturen, vor allem in hierarchiefreien Organisationen, ist das Delegieren auf horizontaler, kollegialer Ebene häufig noch wichtiger. Und beim Delegieren auf Kollegenebene sind die offene Kommunikation und ein entsprechendes Betriebsklima unabdingbare Voraussetzung für den Erfolg.

Alle Menschen verfügen über denselben Zeitrahmen, unabhängig von Position, Einkommen oder Herkunft, nämlich 24 Stunden pro Tag. Diese 24 Stunden sollten im Interesse des persönlichen Kapitals, nämlich der eigenen Arbeitskraft und Gesundheit, sinnvoll aufgeteilt werden. Die alte Grundregel, den Tag in drei Teile – Arbeit, Schlaf und »Leben« – zu teilen, hat sich als eine bewährte Regel herausgestellt. Die sich daraus ergebenden acht Stunden für das Berufsleben erscheinen aber oft als ein rein theoretischer Wert, der den Anforderungen einer Führungskraft gerade heute nicht mehr genügt. Wie kann dieser Zielkonflikt sinnvoll gelöst werden? Wie können die steigenden Anforderungen im Berufsalltag mit dem vorhandenen Zeitrahmen in Übereinstimmung gebracht werden? Der Titel des Buches gibt bereits die Antwort: durch professionelles Delegieren. Eine Führungskraft, die delegiert, scheint plötzlich über mehr Zeit zu verfügen, denn die Aktivitäten, die sie nicht selbst erledigt, knabbern nicht an ihrem Zeitbudget. Die vorhandene Zeit steht also für andere Dinge zur Verfügung, für Dinge, die wichtiger erscheinen. Die Führungskraft setzt andere Prioritäten – ohne Aufgaben liegen zu lassen und ohne sich ihrer Verantwortung zu entziehen.

Bevor wir uns näher mit dem Thema beschäftigen, lassen Sie uns eine kleine Hochrechnung durchführen. Nehmen wir an, eine Führungskraft verdient im Jahr 100 000 EUR und arbeitet an 200 Arbeitstagen jeweils acht Stunden (warum viele Führungskräfte mit diesen acht Stunden nicht auskommen, wird im Laufe der weiteren Kapitel schmerzhaft klar). Bei 1600 Stunden jährlicher Arbeitszeit ergibt sich pro Stunde ein Kostenfaktor von 62,50 EUR. Wenn diese Führungskraft durch mangelnde Organisation in ihrem Tagesablauf pro Tag eine Stunde »verschenkt«, dann wird im Jahr ein Betrag von 12 500 EUR sinnlos verschwendet. (Würde man das Gehalt dieser Führungskraft um den entsprechenden Betrag reduzieren, dann wäre das Bewusstsein für das Thema wohl sehr schnell aufgefrischt.)

Geld ist nicht alles im Leben. Rechnen wir deshalb das Beispiel in Zeiteinheiten um: Bei 200 Arbeitstagen ergeben sich pro Jahr 200 verschenkte Stunden. Bei einer 40-Stunden-Woche (die bei richtigem Delegieren für jede Führungskraft realisierbar ist) könnte sich die Führungskraft fünf Wochen zusätzlichen Urlaub gönnen. Nun wird bei unseren großzügigen Urlaubsregelungen das Bedürfnis nach fünf Wochen zusätzlichen Urlaubs nur selten vorhanden sein. Aber fünf Wochen pro Jahr, in denen man etwas für die eigene Weiterbildung tun könnte, in denen man Zeit für den Blick über den Tellerrand zur Verfügung hätte – wäre das nicht ein verführerischer Gedanke? Träumen Sie einen Moment davon, was Sie in fünf geschenkten Wochen alles anfangen könnten. Fünf Wochen! Und das Ganze ohne Mehrkosten für das Unternehmen. Die Beschäftigung mit dem Thema Delegieren lohnt sich also aus mehreren Gründen.

Delegieren zwingt zum Zeit- und Selbstmanagement

> **E**s ist nicht zu wenig Zeit, die wir haben, sondern es ist zu viel Zeit, die wir nicht richtig nutzen.

Bevor Sie das Thema Delegieren ernsthaft angehen, haben Sie sich bestimmt schon Gedanken über Ihren Zeithaushalt gemacht. Zu viel zu tun und zu wenig Zeit, das war wahrscheinlich auch bei Ihnen der Auslöser zum Nachdenken. Hin und her gerissen zwischen den beiden Punkten »dringend« und »wichtig«, fällt es Ihnen schwer, immer die richtige Entscheidung zu treffen. Es überkommen Sie häufig Zweifel, ob Sie Ihre Prioritäten richtig gesetzt haben, ob Sie richtig entschieden haben.

Sie wissen bereits: Dringendes ist selten wichtig, und Wichtiges ist selten dringend. Wenn Sie die dringenden Probleme, die in den letzten Tagen auf Ihrem Schreibtisch landeten, einmal Revue passieren lassen, dann werden Sie feststellen, dass es sich meist um weniger Wichtiges handelte, gemessen an allen Aktivitäten in Ihrem gesamten Verantwortungsbereich. Und bei einigen wichtigen Problemen handelte es sich bestimmt um Themen, die auch etwas später hätten geklärt werden können. Weil es im Alltag aber oft so schwierig ist, vor allem »auf die Schnelle« zwischen diesen beiden Punkten zu unterscheiden, werfen wir einmal einen Blick auf ein bekanntes Modell, die ABC-Matrix, auch als Eisenhower-Matrix bekannt (siehe Abbildung 1).

Die ABC-Matrix ist eine Entscheidungshilfe, die zumindest auf den ersten Blick ganz einfach und logisch erscheint. Jede anstehende Aufgabe wird im Koordinatenkreuz positioniert, Basis sind die beiden Achsen »Dringlichkeit« und »Wichtigkeit«. Ist eine Tätigkeit dringend und wichtig, so sollte Sie von Ihnen selbst sofort erledigt werden. Wichtig heißt in diesem Fall, die Aufgabe gehört

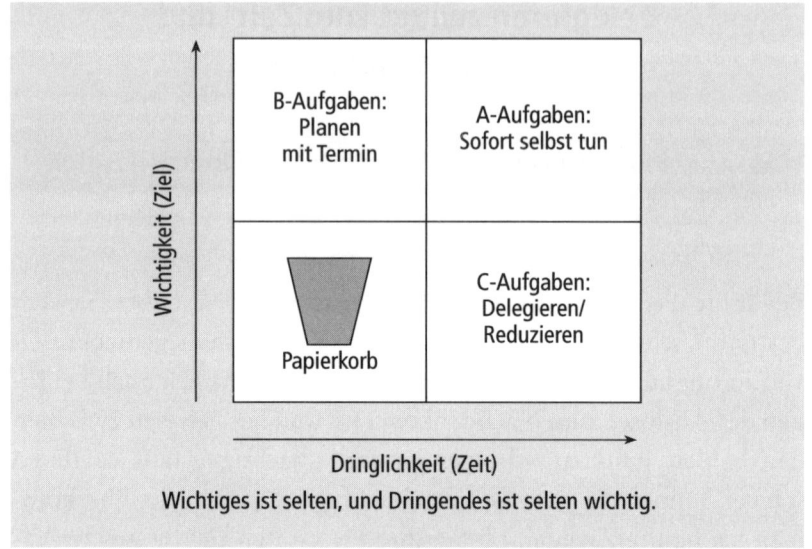

Abbildung 1:
Die ABC-Matrix der Prioritätensetzung

zu Ihrem ureigensten Verantwortungsbereich. Deshalb muss sie von Ihnen persönlich erledigt werden. Und da sie offenbar dringend ist, muss es sofort geschehen: Es ist eine A-Aufgabe. Handelt es sich nicht um eine dringende Aufgabe, muss sie also nicht sofort erledigt werden, so gehört sie in den Bereich B: Die Aufgabe ist wichtig für Ihre Zielerreichung, für Ihre Karriere, für Ihre Zukunft. Deshalb wird sie für einen späteren Zeitpunkt eingeplant – und bleibt bis zu diesem Zeitpunkt auf Vorlage liegen. Geht es um eine für Ihre Zielsetzung weniger wichtige Aufgabe, die allerdings sofort erledigt werden muss, eine so genannte C-Aufgabe, so sollten Sie diese Aktivität abgeben, also delegieren. Gleichzeitig ist zu prüfen, ob diese Tätigkeit vielleicht reduziert oder ganz eliminiert werden kann. An dieser Stelle ergibt sich durch Hinterfragen der Gründe für eine Arbeit oft erstaunliches Rationalisierungspotenzial, denn manche Arbeiten werden einfach deshalb gemacht, weil sie schon immer gemacht wurden. Nun setzt das Delegieren mindestens zwei Personen voraus, nämlich Sie als »Arbeitgeber« und eine Person, der Sie etwas übertragen können, einen »Arbeitnehmer«. Solange Sie als »Einmannbetrieb« operieren, also nicht an jemanden delegieren können, sollten Sie schleunigst dafür sorgen, dass die C-Tätigkeiten in Ihrem Aufgabenbereich reduziert werden beziehungsweise ganz wegfallen.

Aber als Führungskraft stehen Ihnen ja Mitarbeiter zur Verfügung. (Wen sollten Sie sonst führen?) Und diesen Mitarbeitern übertragen Sie nun schrittweise Aufgaben. Betrachten Sie also künftig die auf Sie »einstürmenden« Aufgaben durch die ABC-Brille. Wenn Sie wieder dringend irgendwo einspringen müssen, wenn ein Mitarbeiter ein ganz wichtiges Problem hat, wenn ein Kunde postwendend einen Bescheid erwartet oder auch, wenn Ihr Lebenspartner jetzt sofort eine Antwort von Ihnen verlangt, sollte Ihre Frage lauten: Ist es dringend oder ist es wichtig? Sie werden überrascht sein, wie viele Dinge sich plötzlich relativieren, bei wie vielen Aufgaben der Zeit- und Entscheidungsdruck verschwindet.

Der vierte Quadrant mit der Bezeichnung P (= Papierkorb) enthält alles, was weder dringend noch wichtig ist. Wesentlich für Ihren beruflichen Erfolg ist es, diesen Quadranten Schritt für Schritt zu erweitern. Bei der steigenden Informations-(Müll-)Flut bleibt Ihnen gar keine andere Chance, als Unwesentliches sofort auszufiltern und wegzuwerfen. Trennen Sie sich von allem, was Sie nicht unmittelbar betrifft, was Sie nicht zur Erledigung Ihrer Aufgabe benötigen. Aber birgt Wegwerfen nicht die Gefahr, dass versehentlich etwas Wichtiges weggeworfen wird, dass es sich um eine tatsächlich wichtige Angelegenheit handelte? Ja, sicher, die Gefahr besteht. Aber wo gehobelt wird, fallen Späne. Natürlich besteht statistisch die Möglichkeit, dass Sie etwas wegwerfen, was besser hätte bearbeitet werden sollen. Bei häufiger Anwendung der ABC-Matrix sinkt allerdings die Gefahr des Irrtums. Und Sie können ganz sicher sein, dass Wichtiges irgendwann wieder auf Ihrem Schreibtisch landen wird, vielleicht mit einem höheren Entscheidungsdruck. Wenn Sie allerdings die Alternativen bedenken, nämlich in Daten und Details zu versinken, dann ist die häufigere Benutzung des Papierkorbs, auch des elektronischen, die effektivere Lösung, Ihren Arbeitsalltag in den Griff zu bekommen.

Ein kleines Beispiel zeigt, dass es einfach unmöglich ist, mit den produzierten Informationsmengen nur ansatzweise Schritt zu halten. So werden derzeit jeden Tag 20 Millionen Wörter alleine an technischen Informationen produziert. Ein Leser, der 1000 Wörter pro Minute lesen könnte, bräuchte 1,5 Monate und acht Stunden, um sich über nur diesen einzigen Tag zu informieren. Während dieser Zeit wäre er schon fünf Jahre hinter die Informationslawine zurückgefallen – keine Chance also, auf dem Laufenden zu bleiben.

Zurück zum Quadranten C. Um einige Ihrer Tätigkeiten erfolgreich delegieren zu können, müssen Sie sicherstellen, dass Ihre »Stellvertreter« über das entsprechende Wissen und die notwendigen Fähigkeiten zur Durchführung der Aufgabe verfügen. Eine Arbeit lediglich abzugeben kann fatale Folgen haben, nämlich dann, wenn der »Empfänger« mit dem Job total überfordert ist. Versetzen Sie sich in die Lage eines Elternteils: Sie möchten, dass Ihr Kind möglichst schnell auf »das Leben« vorbereitet wird und selbstständiges, eigenverantwortliches Handeln erlernt. Sie sind aber manchmal unsicher, ob Ihre Forderungen bereits erfüllt werden können oder ob die Ihnen anvertraute Person nicht durch Ihre gut gemeinten Ansprüche überfordert wird. Dazu mehr in Kapitel 4.

Mit Abbildung 2 möchten wir Ihnen ein Hilfsmittel vorstellen, das Ihnen das Planen des »Abgebens«, des Delegierens, erleichtert. Links sehen Sie Ihre eigene Arbeitsbelastung, rechts die Ihrer Mitarbeiter. Die senkrechte Linie »Heute« zeigt, wie viel Arbeit Sie bereits heute delegieren. Nun planen Sie auf der horizontalen Zeitachse, deren Maßstab Sie selbst wählen, wie viel Prozent Ihrer Tätigkeit Sie bis wann zusätzlich an Ihre Mitarbeiter delegieren wollen. Wie das geschehen kann und was dabei zu beachten ist, erfahren Sie im weiteren Verlauf des Buches. Bestimmt ist Ihnen auf den ersten Blick aufgefallen, dass bei konsequenter Anwendung dieser Planung irgendwann der Tag kommt, an dem Sie alles delegiert haben – und für Sie nichts mehr zu tun ist. Ein schöner Gedanke, oder? Aber seien Sie beruhigt: Es gibt einen Unterschied zwischen der statischen Grafik und der dynamischen Praxis. Immer wieder werden neue Aufgaben und Anforderungen auf Sie zukommen, die Arbeit geht Ihnen nicht aus. Aber wenn Sie sich nicht im Voraus darüber Gedanken machen, wie Sie einen planbaren Prozentsatz Ihrer Arbeit delegieren können und in welchem Zeitraum, dann werden Sie nie die gewünschten Freiräume erreichen. Hören Sie nicht auf zu delegieren!

Ein anderes bekanntes Werkzeug, das Führungskräften das Leben leichter macht, ist die Pareto-Methode (siehe Abbildung 3).

Diese von dem italienischen Nationalökonomen und Soziologen Vilfredo Pareto entdeckte Gesetzmäßigkeit beweist, dass wir 80 Prozent unserer Zeit einsetzen, um lediglich 20 Prozent unserer Resultate zu erzielen. Im Umkehrschluss bedeutet das, dass wir

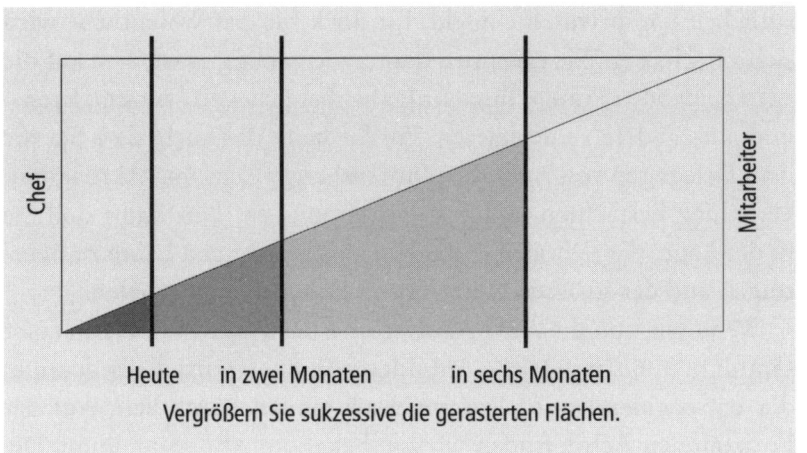

Abbildung 2:
Hören Sie nicht auf zu delegieren

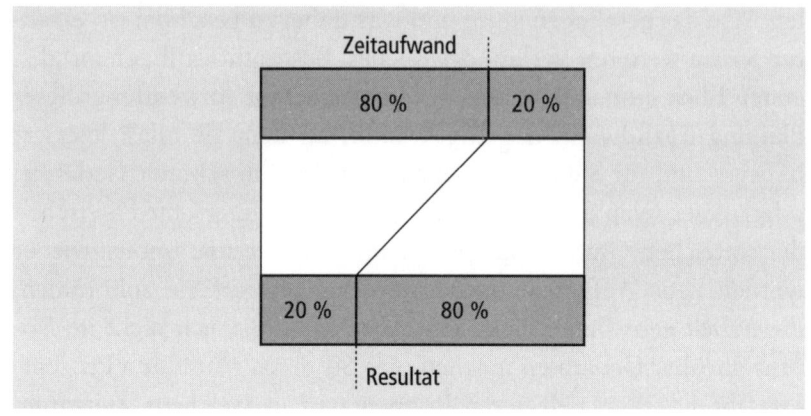

Abbildung 3:
Das Pareto-Prinzip

mit lediglich 20 Prozent unserer Zeit 80 Prozent unserer Resultate erzielen. Wenn Sie das Pareto-Prinzip zum Beispiel auf die Kundenbeziehungen eines Unternehmens anwenden, dann ergibt sich verblüffenderweise die Erkenntnis, dass mit 20 Prozent der Kunden 80 Prozent des Umsatzes erzielt werden. Nutzen Sie diese Methode bei der Analyse möglichst vieler Aufgabenstellungen in Ihrem beruflichen und privaten Umfeld, Ihr Blick für das Wesentliche wird sich verschärfen. Sie erkennen dann, wie wichtig es ist, sich auf die entscheidenden Punkte Ihres Aufgabenbereiches zu konzentrieren – und alles andere zu delegieren. Für Sie heißt das auch, dass Sie vor dem Delegieren von Aufgaben Ihre bisherige Zeit- und Aktivitätenverteilung betrachten und analysieren müssen. Nur dann sind Sie in der Lage, die richtigen Aufgaben an die richtigen Leute zu übertragen und den größten Nutzen beim Delegieren zu erzielen.

Wenn wir nun die ABC-Analyse und das Pareto-Prinzip in einer Grafik kombinieren (siehe Abbildung 4), dann wird die Bedeutung der entscheidenden 20 Prozent noch einmal ersichtlich. Auf der horizontalen Achse finden wir die bekannte ABC-Einteilung. Die vertikale Achse zeigt die Wichtigkeit der Tätigkeit für Ihren Erfolg. Hier wird die »Hebelwirkung« Ihrer Planung deutlich, mit

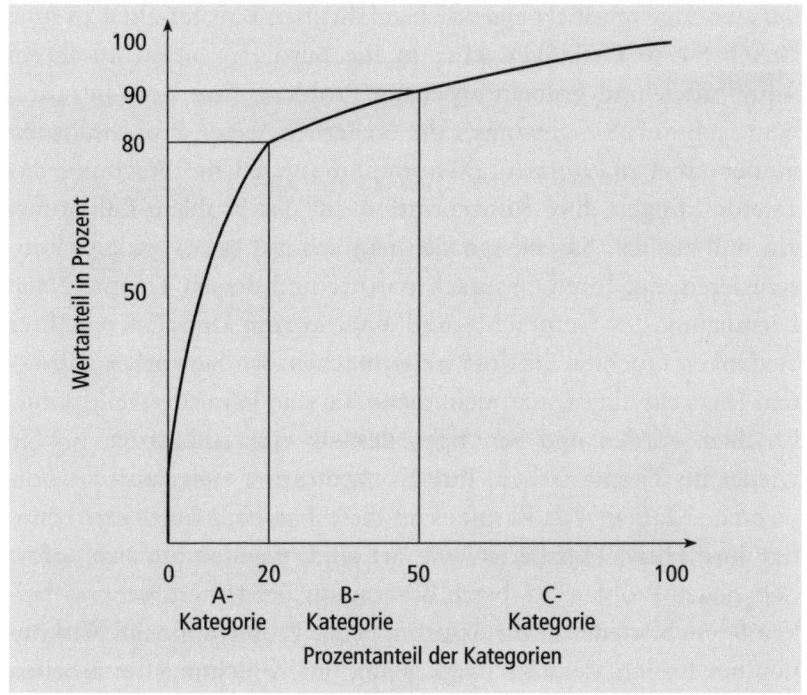

Abbildung 4:
ABC-Analyse kombiniert mit Pareto-Prinzip

relativ wenig Aufwand einen Großteil des Erfolgs zu erzielen. Konkretisieren Sie diese Grafik für Ihren unmittelbaren Verantwortungsbereich, und aktualisieren Sie die Daten regelmäßig. Sie werden schnell feststellen, dass Sie bedeutend effektiver arbeiten können durch Konzentration auf das Wichtigste und Delegieren der verbleibenden Aufgaben.

Ein weiteres interessantes Phänomen begegnet Ihnen täglich – eine Effektivitätsbremse, die Sie in beinahe jedem Büro »live« erleben können: der Sägezahn-Effekt (siehe Abbildung 5). Wie eine Säge mit scharfen Zähnen reißt dieser Effekt »Wunden« in Ihre Zeitplanung. Und wie bei jeder Wunde gilt: die Zeit für den Heilungsprozess dauert länger als das Verursachen der Verletzung. Was aber hat eine Säge mit Ihrer eigentlich gefahrlosen Bürotätigkeit zu tun? Gehen Sie in Gedanken kurz in Ihr Büro. Sie sitzen an Ihrem Schreibtisch und grübeln an einem Problem. Ihre Konzentration baut sich auf, Sie gewinnen die Sicherheit, einer Problemlösung immer näher zu kommen. Da kommt die erste Unterbrechung, das Telefon klingelt. Ihre Konzentration auf das Problem fällt sofort auf null zurück, Sie müssen sich nämlich auf etwas anderes konzentrieren, auf Ihren Gesprächspartner und dessen Thema. Nach Beendigung des Gespräches und einer kurzen Umschaltzeit Ihrer Gedanken möchten Sie dort weitermachen, wo Sie vorher aufhörten. Das geht aber leider nicht, denn Sie sind ja mittlerweile unterbrochen worden und benötigen deshalb eine Anlaufzeit, bis Sie wieder im Thema stehen. Ihre Konzentration steigt auf das notwendige Maß an – da klopft es an Ihrer Tür, ein Mitarbeiter benötigt Ihre Hilfe. Hilfsbereit, wie Sie sind, wenden Sie sich sofort dem neuen Problem zu. Nach Beendigung der Unterbrechung denken Sie sich wieder in Ihr ursprüngliches Problem hinein. Sie können nur hoffen, dass Sie lange genug unterbrechungsfrei arbeiten können, um zum gewünschten Resultat zu kommen. Je mehr Zeit allerdings Ihre Aufgabe erfordert, desto geringer ist die Wahrscheinlichkeit, dass Sie ungestört bis zum Ende arbeiten können. Sie arbeiten bis zu einem gewissen Punkt, werden unterbrochen, fangen wieder neu an, werden wieder unterbrochen ... Sie kommen sich irgendwann vor wie ein berühmter Grieche: Sisyphus, der mit dem Stein. Wenn Sie nun die Zeitmenge in den schraffierten Flächen addieren, dann stellen Sie fest, dass Sie ein Vielfaches der tatsächlich erforderlichen Zeit verschwendet haben. Der Mehraufwand kann sehr schnell den Faktor 10 erreichen. Sie ahnen bereits, warum Ihre geplante Arbeitszeit oft nicht ausreicht? Wenn Sie es nicht schaffen, die Unterbrechungen zu unterbrechen, Ihre Mitarbeiter dahin zu bringen, dass sie alleinverantwortlich und selbstständig arbeiten, dann werden Sie weiterhin einen Großteil des Tages sinnlos gegen den Sägezahn-Effekt ankämpfen. Ein verlorener Kampf.

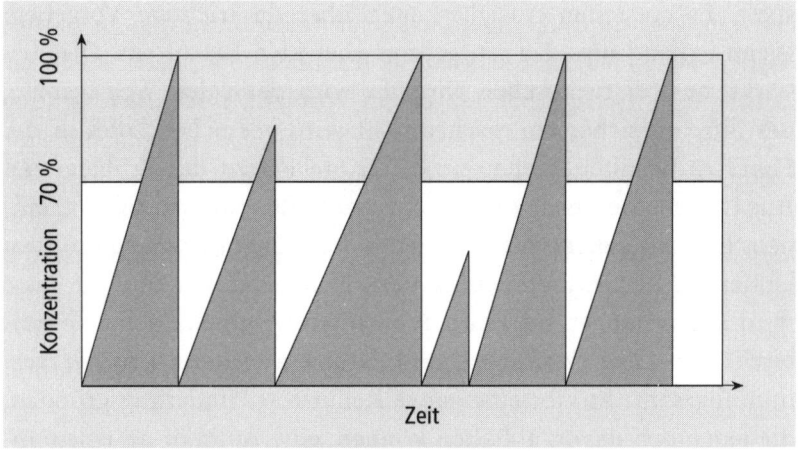

Abbildung 5:
Der Sägezahn-Effekt

Delegieren heißt abgeben – aber wer gibt schon gerne etwas ab?

Abgeben heißt loslassen können, sich von etwas trennen können. Sich von etwas zu trennen verursacht meist Trennungsschmerz. Handelt es sich um Personen oder ans Herz gewachsene Gegenstände, dann kann jeder von uns den unangenehmen Teil einer Trennung nachvollziehen. Sich allerdings von Arbeiten und Aufgaben zu trennen, das sollte doch wohl leichter fallen, oder? Warum aber delegieren Chefs so selten, warum geben sie so ungern ab, warum können sie sich nicht trennen von Aufgaben? Sollte es nicht eine klassische Managementaufgabe sein, Aufgaben an die richtigen Personen zu verteilen und ihnen die Verantwortung für die einwandfreie Ausführung zu übertragen? Kann man nicht in jeder Managementzeitschrift regelmäßig nachlesen, dass nur durch Delegieren ein Unternehmen erfolgreich funktionieren kann? An dieser Stelle kommen Führungskräfte jedoch oft in einen Zwiespalt: Es entstehen Unsicherheiten über das richtige Vorgehen. Wenn jemand unsicher ist, geht er eher kein Risiko ein. Dies bewirkt, dass er risikoscheu wird. Er wird dann den Weg wählen, der ihm am sichersten erscheint. Er wird versuchen, alles in der Hand zu behalten. Genau an dieser Stelle setzt das Problem ein. Aus Unsicherheit behält man sicherheitshalber alles in seinen Händen. Jede zusätzliche Aufgabe, jedes neue, unvorgesehene Problem landet auf der Aktivitätenliste der Führungskraft – und die Liste wird immer länger. Ins Zeitplanbuch wird einfach noch eine weitere To-do-Liste eingefügt – und dafür ein weiterer privater Termin abgesagt. Es gibt eine ganze Reihe von Hinderungsgründen, die jemanden davon abhalten können, eine Aufgabe an einen anderen Menschen zu delegieren. Diese Hinderungsgründe werden oft mit Sachargumenten untermauert. Bei genauerer Betrachtung stellt man allerdings fest, dass es sich meist um Ausflüchte handelt. Man will sich »herausreden« aus einer Entscheidungssituation, der man sich nicht stellen möchte, deshalb der Griff in die Kiste mit den bekannten Ausreden. Manch einer stellt sich sogar die Frage nach der eigenen Existenzberechtigung: »Welche Arbeiten bleiben denn dann für mich noch übrig, wenn ich alles abgebe? Mache ich mich damit nicht selbst überflüssig? Kommt mein Chef dann vielleicht auf die Idee, meine Planstelle zu streichen?« In dieselbe Richtung gehen Gedanken wie: »Ziehe ich mir durch das Delegieren von Aufgaben nicht meinen eigenen Konkurrenten heran? Was ist, wenn sich herausstellt, dass andere meine Tätigkeiten noch besser, noch effektiver erledigen können?« Mancher befürchtet sogar, dass sein derzeitiger Mitarbeiter plötzlich selbst auf dem Chefsessel sitzt. Für den einen oder anderen Vorgesetzten ist der Gedanke zu delegieren deshalb unerträglich, weil er Angst hat, die Kontrolle über seine Mitarbeiter, die Abteilung oder das Projekt zu verlieren. Oder er befürchtet, dass durch das Öffnen einer Schnittstelle zu den Mitarbeitern die Fassade der Unfehlbarkeit bröckeln könnte. Manch einer ist sogar richtiggehend beleidigt, wenn es in seinem Umfeld Menschen gibt, die etwas besser können als er, sein Ego betrachtet solche »verlorenen« Wettbewerbssituationen als demütigend. Egal, was die Gründe für ein solches Verhalten sind: Delegieren zwingt dazu, sich mit seiner eigenen Rolle als Führungskraft intensiv auseinander zu setzen. Vor dieser »Selbstanalyse« schreckt mancher zurück, weil er im Inneren Angst davor hat, eigene Unsicherheiten aufzudecken und sich selbst eingestehen zu müssen. Mitarbeiter betrachten solche Chefs oft als »krankhaft karrieresüchtig«.

Delegieren kann aber auch auf der »Empfängerseite«, also beim Mitarbeiter, unangenehme Empfindungen hervorrufen. Da ist zuerst einmal die Gefahr des Versagens. Die legitime Frage: »Schaffe ich das eigentlich?«, ist nicht zu unterschätzen. Der eine oder andere Mitarbeiter wird vielleicht durch eine neue Aufgabe in seinem bisherigen Trott, in seiner Bequemlichkeit, erheblich gestört. Er befürchtet unter Umständen, dass nun seine Leistung transparent und messbar wird. Manch einer ist auch überfordert, wenn von ihm zum ersten Mal in seinem Berufsleben Verantwortung und Eigeninitiative erwartet werden. Es gibt Menschen, die sich sehr hilflos fühlen, wenn man sie ihrer Entschuldigungsmöglichkeiten beraubt. Außer den reinen Fachfragen beim Delegieren einer Aufgabe sind also auch einige psychologische Aspekte im Vorfeld zu beachten – sowohl auf der »Geber-« als auch auf der »Nehmerseite«. Wir werden auf die Punkte später noch im Einzelnen eingehen. Aber schauen wir uns doch erst einmal die Entschuldigungsgründe ein wenig näher an.

Die zehn populärsten Ausreden, warum man nicht delegiert

Bei den nun folgenden Beispielen bitten wir Sie, einmal ganz selbstkritisch in sich hineinzuhören und sich zu fragen, wie oft solche Gedanken Ihren guten Willen zu delegieren in der Vergangenheit abrupt gebremst haben.

1. Wenn ich etwas selbst mache, dann kann ich sicher sein, dass es richtig gemacht wird.

Eine solche Einstellung spricht natürlich für Ihr Know-how und Ihre Präzision bei der Ausführung der Arbeit. Sie spricht aber auch gegen Ihr Vertrauen in die Leistungsfähigkeit Ihrer Mitarbeiter. Ganz abgesehen davon, dass auch Ihnen als fehlbarem Menschen ein Fehler bei der Arbeit unterlaufen kann, sollten Sie sich einmal Gedanken machen, wie Sie Ihre Mitarbeiter auf Ihr Qualitätsniveau anheben können. Es wäre doch für Sie sicherlich beruhigend, zu sehen, wenn jeder in Ihrer Abteilung die gleichen Vorstellungen von Arbeitsqualität und Präzision besäße, oder? Sicher, werden Sie sagen, aber leider lebt nicht jeder nach denselben Qualitätsstandards wie ich. Ein interessanter Aspekt, der die unvermeidliche Frage aufwirft, wie genau eine Arbeit erledigt werden muss. Es besteht sonst sehr schnell die Gefahr, dass Sie in der Perfektionsfalle landen. Deshalb: Bestehen Sie auf Ergebnissen und nicht auf Perfektion.

Jeder Fehler erscheint unglaublich dumm, wenn andere ihn begehen.

2. Ich kann das schneller und besser erledigen als meine Mitarbeiter.

Auch hier kann man Sie nur beglückwünschen zu Ihren herausragenden Fähigkeiten. Vielleicht sollten Sie sich aber einmal kurz in die Situation Ihrer Mitarbeiter versetzen, die zu einem Chef aufblicken, der zwar bewundernswert ist, ihnen aber nie die Chance gibt, irgendwann einmal genauso gut und erfolgreich zu werden. Als logische Folge Ihrer Einstellung werden Sie Ihre Mitarbeiter nie zu den Leistungen ermuntern können, zu denen sie eigentlich fähig wären. Irgendwann werden Sie Ihre besten Mitarbeiter sogar verlieren, weil man sie ihrer Entwicklungsmöglichkeiten beraubte. Übrigens: Perfektion weckt Aggression, denn wer kann schon einen Menschen ausstehen, der alles besser, schneller kann – und das auch noch täglich demonstriert.

3. Meine Mitarbeiter zeigen derart viel Eigeninitiative, dass sie bereits voll ausgelastet sind.

Eine solche Einstellung spricht zwar für Ihr Vertrauen in Ihre Mitarbeiter, sollte sie aber dennoch nicht davon befreien, sich einmal grundlegende Gedanken über den Arbeitsanfall und die Arbeitsteilung in Ihrem Bereich zu machen. Es ist sehr unwahrscheinlich, dass tatsächlich alle Aktivitäten Ihrer Mitarbeiter optimal verteilt und geplant sind. Die Arbeit füllt immer den vorhandenen Zeitrahmen aus. Die Tatsache, dass alle beschäftigt sind, bedeutet nicht unbedingt, dass alle im Sinne des Unternehmens aktiv sind. Ein weiterer Punkt sollte Sie nachdenklich stimmen: Wenn alle Mitarbeiter Ihrer Abteilung permanent voll ausgelastet sind, wie können Sie dann kurzfristig eventuell auftretende Arbeitsspitzen oder außergewöhnliche Situationen bewältigen?

4. Es gibt Aufgaben, über die meine Mitarbeiter nicht Bescheid wissen.

Wenn Sie diese Feststellung treffen, dann sollte sofort folgende Frage auftauchen: Wie schnell kann ich meinen Mitarbeitern den erforderlichen Wissensstand vermitteln? Selbst wenn es sich um Aufgaben handelt, für die Sie eigens als Spezialist eingestellt wurden, so bleibt doch die Frage im Raum, was passiert, wenn Sie einmal für ein paar Tage ausfallen. Sind die wirtschaftlichen Folgen für das Unternehmen problemlos zu überbrücken, oder entsteht nicht dann eine Situation, welche die Funktionsfähigkeit Ihrer Abteilung oder gar des Unternehmens gefährdet? Das Leben ist ein permanenter Lernprozess – lassen Sie auch Ihre Mitarbeiter daran teilhaben.

5. Es gibt Aufgaben, von denen meine Mitarbeiter nichts wissen dürfen.

Selbst bei Geheimaufgaben in nachrichtendienstlichen Institutionen ist es eher unwahrscheinlich, dass die engsten Mitarbeiter eines Abteilungsleiters nicht wissen, womit er sich beschäftigt. Es kann zwar durchaus eine Situation auftreten, in der Ihr Chef Sie mit einer »geheimen« Mission beauftragt, von der zum jetzigen Zeitpunkt niemand etwas erfahren darf. Solche Aufgaben sind allerdings eher selten. Absolute Vertraulichkeit und Geheimhaltung würde übrigens auch bedeuten, dass Sie den gesamten Schriftverkehr einschließlich der Ablage persönlich abwickeln. Wenn bei Ihren Mitarbeitern das Gefühl eintritt, dass in der Abteilung »Geheimniskrämerei« betrieben wird, hat das Auswirkungen auf den gesamten Informationsfluss innerhalb Ihres Bereichs. Wenn Sie allerdings Ihren Mitarbeitern die Brisanz gewisser Informationen verdeutlichen können, was es zum Beispiel für den eigenen Arbeitsplatz bedeutet, wenn diese Information in die falschen Hände oder Ohren gelangte, dann können Sie beruhigter mit dem Thema »Vertrauliches« umgehen. Ihre Mitarbeiter sind keine Feinde, sondern Verbündete.

6. Bis ich erklärt habe, was zu tun ist, habe ich es schon selbst erledigt.

Diesen Satz sollten Sie sich einmal laut vorlesen, um sich der tief gehenden Bedeutung dieser Aussage bewusst zu werden. Heißt das etwa, dass Sie nicht in der Lage sind, einem anderen Menschen etwas so kurz und prägnant zu erklären, dass ein Mensch mit mittlerem Intelligenzquotienten Ihren Ausführungen folgen kann? Heißt das, dass Ihre Wortwahl derart »individuell« ausgeprägt ist, dass ein Mensch mit durchschnittlichen Deutschkenntnissen überfordert ist? Oder heißt es, dass Sie selbst nicht genau verstanden haben, was Sie von einer anderen Person erwarten, und sich deshalb hinter dieser billigen Ausrede verstecken? Dieser Vorwand gehört in den Bereich der peinlichen Bemerkungen, die man als Führungskraft besser unterlässt.

Menschen, die viel zu sagen haben, brauchen wenige Worte.

7. Letztendlich werde ich für diese Arbeit bezahlt.

Gerechter Lohn für gerechte Arbeit, sagen Sie sich. Wenn ich für eine Tätigkeit bezahlt werde, dann bin ich natürlich auch verpflichtet, diese Tätigkeit selbst auszuführen. So weit, so gut. Aber haben Sie sich nicht schon einmal Gedanken gemacht, wofür Sie eigentlich jetzt bezahlt werden? An eine Führungskraft legt man andere Messlatten an. Sie werden nämlich nicht mehr dafür bezahlt, dass Sie die Arbeit tun, sondern dafür, dass die Arbeit getan wird. Man misst Sie, ähnlich wie ein Kraftwerk, nicht an der Energie, die Sie in eine Tätigkeit stecken, sondern an Ihrem Wirkungsgrad, also an dem Verhältnis zwischen Aufwand und Resultat. Sie können also durchaus ohne schlechtes Gewissen Tätigkeiten von anderen ausführen lassen, solange Ihr Wirkungsgrad, Ihre Leistungsbilanz, stimmt.

> Sie werden als Führungskraft nicht mehr dafür bezahlt, dass Sie die Arbeit tun, sondern dafür, dass die Arbeit getan wird.

8. Wenn ich etwas delegiere, dann bleiben andere Arbeiten der Mitarbeiter liegen.

Spätestens von Ihren Mitarbeitern werden Sie diesen Satz hören, wenn deren Auslastungsgrad bereits sehr hoch ist und Sie eine zusätzliche Aufgabe verteilen wollen. Voraussetzung für das Delegieren ist immer, dass Sie als Abteilungsleiter über die Arbeitsbelastung und die Prioritäten in Ihrem Bereich gut informiert sind. Nur dann können Sie im Vorfeld prüfen und sinnvoll entscheiden, wem Sie welche Tätigkeit innerhalb welchen Zeitrahmens übertragen wollen. Bei der regelmäßigen Überprüfung der Auslastung Ihrer Abteilung werden Sie feststellen, dass viele Abläufe optimiert oder sogar eliminiert werden können. Es gibt auch Mitarbeiter, die sich eine Reihe von Pseudotätigkeiten geschaffen haben, mit denen sie einem gutgläubigen Chef »Vollbeschäftigung« vorgaukeln.

9. *Wenn ich etwas aus der Hand gebe, dann verliere ich die*
   Kontrolle.

Wie kommen Sie auf diesen Gedanken? Haben Sie etwa Angst,
dass Ihnen die Mitarbeiter dann »auf der Nase herumtanzen«, wie
ein besorgter Chef einmal befürchtete? Sie haben die Tätigkeit
zwar nicht mehr direkt in Ihrer Hand, aber weiterhin in Ihrem unmittelbaren Verantwortungs- und Aufgabenbereich. Auch wenn
Sie die Tätigkeit auf mehrere Mitarbeiter verteilen, geht Ihnen dadurch die Kontrolle nicht verloren. Ganz im Gegenteil. Da Ihre
Mitarbeiter Ihnen über den jeweiligen Projektfortschritt berichten,
laufen alle Fäden auf Ihrem Schreibtisch zusammen. Sie müssen
allerdings in der Lage sein, »intelligente« Kontrollfragen stellen zu
können, ohne sich in Details einer Aufgabe zu verlieren – oder ver-
wickeln zu lassen. Es trifft zu, dass Sie den unmittelbaren Einfluss
auf die Art und Weise der Ausführung der Arbeit verloren haben,
denn diesen Bereich haben Sie an Ihre Mitarbeiter delegiert. Da
Ihr Chef Sie aber an der Zielerreichung misst, ist für Sie die Art
und Weise der Zielerreichung ohnehin sekundär. Denken Sie an
ein bekanntes Managersprichwort: Wer führt, führt nicht durch,
und wer durchführt, der führt nicht.

10. *Es gibt Tätigkeiten, die machen einfach zu viel Spaß, um sie*
    abzugeben.

Diesen Satz sollten Sie nie laut im Beisein Ihrer Mitarbeiter aus-
sprechen. Der Verdacht liegt ohnehin nahe, dass Ihre Mitarbeiter
bereits selbst herausgefunden haben, welche Ihrer Lieblingstätig-
keiten Sie gerne für sich selbst behalten. Im Interesse der Motivation Ihrer gesamten Abteilung darf allerdings nicht der Eindruck
entstehen, dass Sie Ihre »Hobbys« selbst pflegen und die weniger
attraktiven Tätigkeiten lieber delegieren. Eine Führungskraft mit
emotionaler Intelligenz wird ohnehin ab und zu demonstrativ eine
weniger angenehme Tätigkeit ausführen, um zu zeigen, dass sie
sich nicht zu schade ist, jede Arbeit anzupacken.

Das waren Hauptgründe gegen das Delegieren, die von Führungskräften häufig genannt werden. In Ihrem tiefen Innern gibt es aber wahrscheinlich noch weitere »anerzogene« Hindernisse, über die Sie nicht sprechen möchten. Oft sind einem diese Gründe gar nicht bewusst. Deshalb ist es für Ihren Erfolg wichtig, sich dieser Hemmnisse bewusst zu werden und darüber nachzudenken.

Solche weiteren Gründe können sein:

- Sie wissen nicht, wie Sie vorgehen sollen, wenn ein Mitarbeiter die Arbeit ablehnt. Es ist Ihnen dann vielleicht peinlich, einen Konflikt heraufzubeschwören.
  Sind Sie tatsächlich eine Führungskraft?

- Sie befürchten, dass die Mitarbeiter durch mehr Know-how auch mehr Einfluss im Unternehmen gewinnen können.
  Sie glauben immer noch daran, dass Informationen auf Vorrat gespeichert werden können, ohne dass andere an Ihrem Herrschaftswissen teilhaben können. Wissen behält man, auch wenn man es abgibt. Unternehmen, in denen Wissen »gebunkert« wird, haben keine Überlebenschancen.

- Sie haben Angst davor, dass Ihr Chef oder Ihre Kollegen Sie für faul halten.
  Wenn Sie Ihren Arbeitsstil als optimal ansehen, dann kümmern Sie sich nicht um andere. Vielleicht können Sie Ihr Umfeld sogar von Ihrer Methodik überzeugen.

- Sie haben in Ihrem Elternhaus gelernt, dass eine Arbeit nur »recht getan« ist, wenn sie »selbst getan« ist.
  Das sind Hypotheken der Kindheit, die Sie schnell über Bord werfen müssen.

- Sie geben nicht gerne Anweisungen und fühlen sich unwohl, wenn Sie anderen etwas vorschreiben sollen.
  Frisch beförderte Führungskräfte stehen häufig vor diesem Pro-

blem, wenn sie ihren bisherigen Kollegen nun plötzlich Anweisungen erteilen sollen. Das gehört aber zu Ihrer Stellenbeschreibung, denn Sie wollen doch führen! Und Ihre Mitarbeiter erwarten von Ihnen, zu hören, wo es langgeht.

- Sie fühlen sich unsicher, wenn Sie nicht über alle Details Bescheid wissen.
  Sie müssen nicht alles wissen, aber Sie müssen wissen, welche Plausibilitätsfragen Sie stellen müssen. Der Chef der Deutschen Bahn ist auch kein gelernter Lokführer.

- Sie fürchten, den »Anschluss« zu verlieren, wenn Sie nicht permanent an Fachthemen weiterarbeiten. Sie fühlen sich auf der Fachschiene offenbar wohler als auf der Führungsschiene. Überdenken Sie noch einmal Ihre Karriereplanung.

Wie Sie sehen, gibt es eine Menge »plausibler« Ausreden, wenn man nicht delegieren will. Mit ein wenig Kreativität fallen Ihnen bestimmt noch einige weitere Gründe ein, etwas nicht zu tun. Jede weitere Ausrede sollten Sie wieder vergessen. Denn es gibt zahlreiche Argumente, die für das Delegieren sprechen. Und diese Argumente sind schlagkräftiger als die Argumente gegen das Delegieren. Nun noch eine weitere wichtige Frage: Können Sie alles delegieren, was Sie gerne abgeben möchten? Nein! Denn bei aller Begeisterung für das Delegieren: Sie können nur Aufgaben delegieren, aber nicht Ihre Vorgesetztenfunktion! Und dazu gehören einige Aufgaben, die Sie auf keinen Fall abgeben dürfen: Disziplinarfragen, Lob und Tadel. Das sind die effektivsten Werkzeuge, Ihre Mitarbeiter zu führen. Dazu später mehr.

Nachdem wir nun die Hitliste der zehn besten Ausreden betrachtet haben, werfen wir einmal einen Blick auf die zehn besten Gründe, warum man delegieren sollte.

Die zehn besten Gründe, warum man delegieren sollte

1. Weg mit den Routinetätigkeiten.

Alle Aufgaben, die sich routinemäßig wiederholen und keine Ihrer Führungsfähigkeiten fordern, sollten Sie abgeben. Sie laufen sonst sehr schnell Gefahr, ein überbezahlter Sachbearbeiter zu werden.

2. Lassen Sie Experten ran.

Es ist ein sehr schönes Gefühl, Experte auf irgendeinem Gebiet zu sein. Jetzt aber sind Sie eine Führungskraft. Lassen Sie die Fachleute in Ihrer Abteilung ungestört das tun, wofür sie bezahlt werden. Sorgen Sie dafür, dass Ihre Experten ungestört arbeiten können. Bringen Sie Ihren Rat und Ihre Tipps nur noch dort ein, wo Ihr Know-how tatsächlich gewünscht und erforderlich ist. Eine große Gefahr für Ihre Abteilung: Wenn Sie nicht delegieren, dann vertreiben Sie Ihre Spitzenkräfte, die sich ihr Betätigungsfeld woanders suchen.

3. Schaffen Sie sich Freiräume.

Delegieren erlaubt Ihnen, sich auch einmal mit Dingen zu beschäftigen, die über das Alltagsgeschäft hinausgehen. Delegieren heißt, mit dem Kopf und nicht mit dem Körper zu arbeiten! Nutzen Sie die gewonnenen Freiräume zur Beschäftigung mit der Zukunft Ihrer Abteilung, Ihres Unternehmens. Nehmen Sie sich auch die Freiheit, zu spinnen, unkonventionelle und verrückte (im Sinne von »von einem anderen Standpunkt aus betrachtet«) Ideen zu generieren und daraus Lösungen für Ihren Job zu entwickeln.

4. Aktivieren Sie verborgene Potenziale.

Wenn Sie Aufgaben delegieren, werden Sie sehr schnell feststellen, welche Fähigkeiten in Ihren Mitarbeitern schlummern. Durch die

Übernahme neuer Aufgaben entdecken die Mitarbeiter übrigens auch selbst, was in ihnen steckt – und welche Fähigkeiten sie noch weiter ausbauen können. Nur wenn Sie mehr fordern, können Sie mehr erwarten.

5. Beugen Sie Krisensituationen vor.

Durch Delegieren stellen Sie sicher, dass Wissen und Know-how in Ihrer Abteilung auf eine breitere Basis gestellt werden. In unvorhergesehenen Situationen und bei Ausfall von Mitarbeitern durch Krankheit ist somit die Funktionsfähigkeit Ihres Bereichs nicht gefährdet. Bei Problemen stehen Sie nicht unvorbereitet da. Ein Problem ist ein Risiko, das Realität wurde. Es ist also vorhersehbar. Ein Krisenmanager ist jemand, der eine Krise vorher durchgespielt und – gemeinsam mit seinen Mitarbeitern – Alternativen für den Ernstfall vorbereitet hat.

6. Vermitteln Sie Ihren Mitarbeitern mehr Freude an der Arbeit.

Gerade bei oft wiederkehrenden Tätigkeiten ist es für die Mitarbeiter wichtig, mit Freude jeden Tag zur Arbeit zu gehen und täglich einen Sinn in der Arbeit zu sehen. Durch Delegieren schaffen Sie es, den Arbeitsplatz für den Mitarbeiter interessanter und abwechslungsreicher zu gestalten. Das Resultat: ein besseres Betriebsklima, eine höhere Motivation und weniger Ausfallzeiten. Sorgen Sie für ein »Wir-Gefühl« am Arbeitsplatz, lassen Sie die Mitarbeiter erkennen, dass es ihr Arbeitsplatz ist – und nicht der des Unternehmens.

7. Schaffen Sie neue Denkansätze.

Durch die Diskussion mit den Mitarbeitern bei der Verteilung neuer Aufgaben werden Sie feststellen, wie viele unterschiedliche Denkansätze zur Lösung von Problemen existieren. Nutzen Sie die unterschiedlichen Blickwinkel, um neue Ansätze zu realisieren. Provozieren Sie die Produktion neuer Ideen.

8. Sorgen Sie für Wachstum in Ihrer Abteilung.

Durch die (Neu-)Verteilung von Aufgaben entstehen Synergieeffekte, die oft für überraschende neue Ansätze und Ideen sorgen. Änderungen in der Aufgabenverteilung zwingen alle zum Neudenken, beugen der »Vergreisung« des Unternehmens vor. Produktive Unruhe in einer Abteilung oder »Friedhofsruhe«, was ist Ihnen lieber?

9. Machen Sie aus Ihrer Abteilung ein Team.

Nutzen Sie die Möglichkeit des Delegierens, um aus einer Gruppe von Einzelkämpfern ein Team zusammenzuschweißen. Lassen Sie die Mitarbeiter erkennen, dass alle für die Erreichung eines gemeinsamen Ziels gleichermaßen Verantwortung tragen. Leben Sie den Teamgedanken sichtbar und spürbar vor.

10. Entwickeln Sie sich vom Ein-Mann-Orchester zum Star-Dirigenten.

Wenn Sie alleine arbeiten, werden sie immer nur eine One-Man-Show bleiben. Wenn Sie Teilaufgaben an andere abgeben, werden Sie Teil des Ensembles. Wenn Sie delegieren und abgeben, behalten Sie den Taktstock in der Hand, ganz wie der Superdirigent eines Superorchesters, der alles delegiert hat – bis auf die Kontrolle. Er käme übrigens nie auf die Idee, selbst mitzuspielen, denn er kennt seine Aufgaben und seine Grenzen. Er weiß übrigens auch, dass der Erfolg beim Musizieren in den Pausen liegt, im richtigen Timing zwischen Taktstock-Heben und Taktstock-Senken. Durch Delegieren und Abgeben werden Sie auch an sich neue Fähigkeiten entdecken, die für Ihre weitere Karriere nützlich sind. Ihr Blickwinkel weitet sich. Sie »überblicken« Zusammenhänge, die Ihnen vorher verborgen geblieben sind.

Übrigens delegieren Sie schon heute, vielleicht ohne sich dessen bewusst zu sein, nämlich dann, wenn Sie im Internet surfen und eine

Suchmaschine benutzen. Sie geben eine Aufgabe ab, weil »jemand« diese Aufgabe viel schneller und viel billiger für Sie erledigen kann. Ihnen ist es vollkommen gleichgültig, wie der elektronische Agent seine Arbeit tut. Was Sie interessiert, ist lediglich das Resultat in der von Ihnen erwarteten Zeit, das Ergebnis. Wenn Sie diesen Gedanken konsequent auf Ihr berufliches Umfeld übertragen, dann steht Ihrer Karriere nichts mehr im Weg.

Fassen wir die wesentlichen Gründe, die für das Delegieren sprechen, noch einmal zusammen:

- Sie gewinnen mehr Zeit für das Wesentliche.
- Sie reduzieren Ihren Stresslevel.
- Sie fördern Ihre Mitarbeiter und verbessern somit deren Qualifikation.
- Sie erhöhen die Qualität Ihrer Arbeit.
- Sie gewinnen mehr Einfluss.

Die zehn beliebtesten Ausreden der Mitarbeiter

Menschen sind kreativ – vor allem in der Entwicklung von Vermeidungsstrategien. Dem menschlichen Geist fällt schneller eine Begründung ein, warum etwas nicht gelingen kann, als eine Erklärung, wie etwas funktionieren könnte. Sie können diesen Test in Ihrem engsten Umfeld machen: Äußern Sie einen Verbesserungsvorschlag, der Veränderungen im bestehenden Gefüge zur Folge hat. Als Erstes, meist spontan, werden Sie alle Gründe erfahren, warum Ihre Idee nicht akzeptabel ist. Deshalb ist es für Sie als Führungskraft so wichtig, eine eventuell zu erwartende Ablehnungshaltung im Voraus zu kennen, um sich nicht von den vielen – zugegebenermaßen logisch klingenden – Einwänden Ihrer Mitarbeiter überraschen oder gar überreden zu lassen.

Mit welchen Ausreden Ihrer Mitarbeiter können Sie rechnen – und welche Gedanken stehen dahinter?

1. *»Wann soll ich das denn alles machen?«*

Der glaubt wohl, ich habe zu wenig zu tun. Wenn ich jetzt Ja sage, dann kriege ich noch mehr Arbeit. Ich habe das doch bei den Kollegen gesehen, die so naiv waren und nicht Nein gesagt haben.

2. *»Das steht nicht in meiner Stellenbeschreibung.«*

Wenn du hier nicht aufpasst, dann hast du bald alle Arbeiten am Hals, die sonst keiner machen will. Und je mehr du kannst, desto mehr Arbeit geben sie dir. Da stelle ich mich lieber morgens fünf Minuten dumm an, dafür habe ich den ganzen Tag meine Ruhe. Mir hängt keiner einen Job an, den ich nicht haben will.

3. *»Das kann ich nicht.«*

Woher soll ich das denn können, das hat mir bisher keiner gezeigt. Wenn ich das mache, ist das viel zu riskant für die Firma.

4. *»Dazu fehlt mir ...«*

Unter diesen Bedingungen, mit diesem PC, mit diesem Telefon, mit ... fange ich erst gar nicht an. In irgendeiner Vorschrift finde ich bestimmt einen Grund, warum mir etwas Wichtiges fehlt, um die Arbeit zu machen.

5. *»Mein Kollege kann das bestimmt besser.«*

Wieso soll gerade ich diese Arbeit machen, mein Kollege hat doch viel mehr Erfahrung mit dem Thema. Der lässt sich sowieso leichter überreden.

6. »Dafür bin ich nicht ausgebildet.«

Tut mir leid, aber ich mache nur Dinge, für die ich eine richtige Ausbildung erhalten habe. Ich möchte nicht, Chef, dass Sie Ärger mit der Berufsgenossenschaft kriegen.

7. »Ich habe im Moment Wichtigeres zu tun.«

Wenn ich diese neue Aufgabe auch noch übernehme, dann bleiben Dinge liegen, die für mich wichtiger sind. Das müssen Sie dann voll verantworten, Chef.

8. » Warum kommen Sie erst jetzt mit dieser Aufgabe?«

Ich verstehe nicht, warum er jetzt auf den letzten Drücker mit dieser Aufgabe zu mir kommt. Das Problem hat er wohl so lange liegen gelassen, bis es dringend wurde.

9. »Dafür werde ich nicht bezahlt.«

Diesen Job sollen Leute machen, die besser bezahlt werden als ich. Was soll ich denn sonst noch alles machen für das Gehalt? Die wollen wohl auf Kosten der Mitarbeiter sparen.

10. » Was passiert, wenn das schief geht?«

Ich bin doch kein Selbstmörder. Wenn etwas schief geht, bin ich allein daran schuld. Als Sündenbock bin ich mir zu schade.

Mancher Vorgesetzte steht kurz vor dem Ausrasten, wenn er solche Ausreden hört. Er würde sich noch mehr aufregen, wenn er die Gedanken seiner Adressaten lesen könnte. Dabei hat er doch – seiner Meinung nach – dem Mitarbeiter alle überzeugenden Argumente genannt, sogar wiederholt genannt. Er hat ihn in sein Büro gebeten, auf einen bequemen Stuhl gesetzt, einen Kaffe angeboten. Es hat alles nichts genutzt, der Mitarbeiter sitzt vor ihm und wiederholt seine Ablehnungsgründe. Es ist nicht zu fassen, aber jetzt ist seine Autorität in Gefahr, jetzt muss er durchgreifen. Er erinnert sich dann an sein Weisungsrecht, »befiehlt« dem Mitarbeiter die Ausführung der Tätigkeit und hat mit seinem Vorgehen nichts erreicht – außer vorhersehbarem Ärger. Ein Mitarbeiter, der in der beschriebenen Art und Weise eine Aufgabe zugewiesen erhält, wird seine Energie eher in neue Vermeidungsstrategien stecken als in das Bemühen, die Aufgabe professionell zu lösen. Auch wenn Sie diesen Satz in dieser Form nie hören werden, so ist er doch bei dem einen oder anderen Mitarbeiter deutlich im Gesichtsausdruck zu lesen: »Dazu habe ich keine Lust, mach deine Arbeit doch selbst.« Vor dem Delegieren müssen also ein paar Hausaufgaben erledigt werden, muss die Situation genauer analysiert werden.

Delegieren verbessert die Arbeitsabläufe

Durch den erforderlichen Denkprozess, der dem Delegieren vorausgeht, entdecken Sie bereits neue Ansätze zur Erledigung und Verteilung von Aufgaben. Vielleicht stellen Sie beim Hinterfragen der Abläufe in Ihrer Abteilung sogar fest, dass man problemlos manches vereinfachen – oder sogar schmerzlos aufgeben könnte. Machen Sie einfach das, was Unternehmensberater gegen Honorar tun: Betrachten Sie die Abläufe und stellen Sie die einfachen Fragen: Warum machen wir das eigentlich? Worin besteht der kommerzielle Nutzen dieser Tätigkeit? Könnten andere Abteilungen (Firmen) diesen Job nicht besser oder billiger durchführen? Wenn Sie dann noch Kreativitätswerkzeuge wie zum Beispiel die Mindmap-Methode (mehr dazu später) einsetzen, dann entdecken Sie plötzlich neue Zusammenhänge, die Ihnen im Alltag bisher verborgen geblieben sind. Durch die Vorbereitung der Delegationsschritte und die erforderlichen Gespräche mit den betreffenden Mitarbeitern ergeben sich ebenfalls neue Blickwinkel, wie eine Aufgabe gelöst werden kann. Betrachten Sie also das Delegieren von Aufgaben als willkommenen Anlass zu einer – meist ohnehin überfälligen – Ist-Analyse Ihres Aufgabenbereichs.

Der Pessimist findet zu jeder Lösung ein passendes Problem.

Kapitel 2

Die Aufgaben eines Chefs

Kapitelüberblick

Partner statt Superman

Dirigieren oder mitspielen – Pilot und Fluglotse gleichzeitig?

In welcher Rolle fühle ich mich wohl?

Mitarbeiter richtig einschätzen

Partner statt Superman

Bevor wir uns näher mit dem Thema »Delegieren« beschäftigen, schauen wir uns doch einmal die Aufgabe und das Selbstverständnis von Chefs an. Seitdem es Führungskräfte gibt, stellt sich immer wieder die Frage nach den eigentlichen Aufgaben eines Chefs. Selbst Vorgesetzte sind sich häufig nicht sicher, ob das, was sie tun, tatsächlich in dieser Form vom Unternehmen oder gar von den Mitarbeitern erwartet wird. Auf der einen Seite soll ein Chef in der Lage sein, die vorgegebenen Ziele zu erreichen. Dafür wird er bezahlt. Auf der anderen Seite erwartet man von ihm, dass er gemeinsam mit seinen Mitarbeitern alle Probleme löst, die bei der Zielerreichung im Wege stehen. Und wenn es Probleme gibt, erwartet man von ihm, dass er nicht nur kreative Lösungen entwickelt, sondern sogar, dass er die Probleme eigentlich hätte vorhersehen müssen. Er muss auch abschätzen können, in welchem Zeitraum welche Arbeiten erledigt werden können. Zudem muss er erahnen, welche Probleme bei Mitarbeitern auftreten könnten. Und bei knapper werdenden Budgets soll er dafür sorgen, dass die Gesamtleistung seiner Abteilung nicht absinkt, sondern – ganz im Gegenteil – weiter ansteigt. Er muss sich in schwierigen Situationen darum kümmern, dass die Stimmung in seiner Abteilung nicht schlechter wird, dass seine Mitarbeiter sich engagiert einsetzen und dass alle sich am Arbeitsplatz wohl fühlen.

In dieser Rolle als Superman oder Supergirl fühlt sich so mancher Chef überfordert. Vor allem dann, wenn er aus einer klassischen Fachposition heraus, in der er für überschaubare Sachaufgaben verantwortlich war, zur Führungskraft befördert wurde. So mancher sehnt sich ab und zu an die gute alte (wahrscheinlich aber auch schlechter bezahlte) Zeit zurück, in der er mit all diesen »politischen« Entscheidungen nichts zu tun hatte. Nostalgische Überlegungen helfen nicht weiter. Sie sind nun Chef, also erwartet man von Ihnen die Erfüllung Ihrer Aufgaben. Dazu gehören nicht mehr reine Fachaufgaben, sondern einiges mehr, zum Beispiel:

- dass Sie als gutes Beispiel Ihren Mitarbeitern vorangehen – und zwar weniger mit Worten als mit Taten. Vermeiden Sie Sätze mit vielen Konjunktiven wie »Man sollte, könnte, müsste ...«, sondern sagen Sie eindeutig: »Ich mache, werde, veranlasse, kümmere mich um ...«. Mitarbeiter lassen sich heute nicht mehr von routinierten Rhetorikern beeindrucken.

- dass Sie für ein angenehmes Arbeitsumfeld sorgen. Hohe Produktivität kann nur dort entstehen, wo man sich wohlfühlt, wo man sich emotional zu Hause fühlt. Fluchtgedanken kommen dann auf, wenn man eine Situation als unangenehm oder sogar unerträglich empfindet.

- dass Sie vertrauenswürdig sind und Vertrauen ausstrahlen. Ihre persönliche Glaubwürdigkeit muss Ihnen von den Mitarbeitern »abgekauft« werden, Sie müssen glaubhaft wirken und glaubwürdig sein. Mitarbeiter haben mittlerweile ein feines Gefühl für den Unterschied zwischen Show und Realität.

- dass Sie mit Ihren Mitarbeitern respektvoll umgehen, jede Person als individuelle Persönlichkeit akzeptieren. Dazu gehört, dass Sie jeden Mitarbeiter fair behandeln und ihn entsprechend seinen Fähigkeiten und Leistungen beurteilen.

- dass Sie Kommunikationstalent besitzen und bei Konflikten fair und gerecht vermitteln können. Dazu gehört, dass Sie sich klar und eindeutig verständlich machen können.

- dass Sie Ziele klar und begeisternd vermitteln können und auch in Krisensituationen in der Lage sind, die Eigenmotivation der Mitarbeiter anhaltend zu unterstützen.

- dass Sie ohne Scheu Leistungen und Verhalten von Mitarbeitern lobend oder tadelnd kommentieren, ohne Personen anzugreifen oder zu verletzen. Beim Tadeln sind Sie in der Lage, zwischen der Person und dem Verhalten der Person ganz klar zu unterscheiden. Sie betrachten einen Tadel nicht als etwas Verwerfliches, sondern als eine Hilfe für den Mitarbeiter, künftig besser zu werden. In der Hektik des Alltags vergessen Sie nicht, Lobenswertes auch lobend zu erwähnen.

- dass Sie sich intensiv um die Weiterentwicklung Ihrer Mitarbeiter kümmern und dafür sorgen, dass jeder Mitarbeiter in seiner persönlichen Weiterbildung auch eine höhere persönliche Arbeitsplatzsicherheit sieht, egal an welcher Stelle.

- dass Sie unterscheiden können zwischen dringend und wichtig, zwischen bedeutsam und unbedeutend, zwischen zukunftsträchtig und überholt.

- dass Sie sich nicht scheuen, auch bei unpopulären Entscheidungen die Verantwortung zu übernehmen, zum Beispiel bei der Trennung von Mitarbeitern, die trotz Ihrer Unterstützung nicht die vereinbarten Ziele erreichen.

- dass Sie permanent Strukturen und Abläufe hinterfragen, um rechtzeitig Verbesserungen einleiten zu können. Um hierbei Unterstützung zu finden, animieren Sie Ihre Mitarbeiter ebenfalls dazu, sich laufend Gedanken über Verbesserungen und Vereinfachungen zu machen.

- dass Sie in der Lage sind, auch in »chaotischen« Situationen eindeutig Prioritäten zu setzen und mit einer Art »Hubschrauber-Blick« Sachlagen aus dem gebührenden Abstand überblicken zu können.

- dass Sie in der Lage sind, mit einem Lächeln »Nein« zu sagen und gleichzeitig Ihrem Gesprächspartner für ihn nachvollziehbar die Gründe für Ihre Ablehnung zu erläutern.

- dass Sie keine Probleme damit haben, Ihren Standpunkt und Ihre Meinung eindeutig und mit Entschlossenheit jedem gegenüber zu vertreten, auch gegenüber Ihrem Chef.

- dass Sie sich selbst nicht zu ernst nehmen und Humor für Sie kein Fremdwort ist. Ernsthaftigkeit bei der Arbeit schließt Humor und befreiendes Lachen nicht aus. Wer zum Lachen in den Keller geht, eignet sich nicht als Führungskraft.

Schauen wir uns doch einmal einige Kommentare aus Mitarbeiterkreisen an. Was erwarten Mitarbeiter von ihrem Chef?

»Ich erwarte von meinem Chef, dass er mich in Ruhe meine Arbeit machen lässt und jederzeit ein offenes Ohr für mich hat, wenn ich Tipps oder Unterstützung brauche.«

»Mit meinem Chef möchte ich manchmal auch ein offenes Gespräch über meine Stärken und Schwächen führen können, ohne dass es sich um ein formalisiertes Beurteilungsgespräch handelt. Ich bin auch ganz dankbar für seine Tipps, wenn ich aus seinen Erfahrungen etwas lernen kann – aber nur dann.«

»Der ideale Chef ist für mich derjenige, der in der Lage ist, meinen Ehrgeiz zu wecken, und mir zeigt, was noch alles in mir steckt und was ich noch alles erreichen könnte.«

»Ich erwarte von meinem Chef, dass ich ihm voll vertrauen kann,

dass er mich vor allem bei Fehlern nicht hängen lässt oder in die Pfanne haut.«

» Mein Chef sollte keinen in der Abteilung bevorzugen und mir das Gefühl geben, dass er mich nicht nur als Mitarbeiter, sondern auch als Mensch sieht und akzeptiert.«

» Von meinem Chef erwarte ich, dass er mir zuhört, wenn ich mit ihm spreche. Ich kann es nämlich nicht ausstehen, wenn jemand während eines Gesprächs sich nebenbei noch mit anderen Dingen beschäftigt oder mich unterbricht.«

Je mehr Sie von den genannten Punkten erfüllen, desto leichter wird Ihnen künftig das Delegieren fallen. Wenn Sie bei dem einen oder anderen Punkt noch Nachholbedarf entdeckt haben sollten, dann empfiehlt es sich, an dieser Stelle »nachzuarbeiten«. Beseitigen Sie alle Sperren und Hindernisse die – vorhersehbar – der erfolgreichen Delegation von Aufgaben im Weg stehen.

Interessant sind in diesem Zusammenhang die Ergebnisse verschiedener Untersuchungen, die das Eigenbild und das Fremdbild von Führungskräften verglichen haben. Das Resultat war in allen Fällen das Gleiche: Die Führungskräfte haben ihr Verhalten ganz anders beurteilt, als sie von den Mitarbeitern gesehen werden. Die Mitarbeiter bemängeln, dass Chefs

- sie weder vollständig noch rechtzeitig informieren;
- sie unterschiedlich im Sinne von ungerecht behandeln;
- ihnen nicht richtig zuhören können;
- emotionslos und kontaktarm, ja sogar arrogant wirken;
- ihnen zu wenig zutrauen;
- häufiger kritisieren als loben;
- unfähig sind, eigene Fehler einzugestehen;
- nicht entscheidungsfreudig sind;

- lieber Fachaufgaben als Führungsaufgaben erledigen;
- keine erkennbaren Prioritäten setzen.

In Zahlen ausgedrückt ergibt sich folgendes Bild:

- Einen autoritären Führungsstil geben 30 Prozent der Chefs zu. Die Mitarbeiter hingegen sehen den Anteil von autoritär führenden Chefs mehr als doppelt so hoch.

- 85 Prozent der Chefs glauben, dass alle Mitarbeiter über den gleichen ausreichenden Informationsstand verfügen, wogegen nur 40 Prozent der Mitarbeiter davon überzeugt sind, die erforderlichen Informationen zu besitzen.

- Dass die Mitarbeiter über wichtige Entscheidung informiert werden, glauben Chefs zu 80 Prozent, wogegen Mitarbeiter nur zu 42 Prozent davon überzeugt sind, Kenntnis von wichtigen Entscheidungen zu erhalten.

- Dass die Mitarbeiter an den Entscheidungen der Vorgesetzten beteiligt werden, daran glauben 80 Prozent der Chefs. Hier offenbart sich eine sehr große Diskrepanz, denn nur sieben (!) Prozent der Mitarbeiter sind davon überzeugt, auf die Entscheidung Ihrer Vorgesetzten Einfluss nehmen zu können.

- 65 Prozent der Chefs sind davon überzeugt, ein feines Gespür für die Stimmung der Mitarbeiter zu besitzen. Daran glauben allerdings nur halb so viele Mitarbeiter.

- 72 Prozent der Vorgesetzten meinen, dass sie eine konstruktive Rückmeldung in Form von Anerkennung an die Mitarbeiter liefern. Davon sind wiederum nur weniger als 40 Prozent der Mitarbeiter überzeugt.

- Die befragten Chefs meinten zu 87 Prozent, dass sie private Probleme Ihrer Mitarbeiter wahrnehmen können. *Der Empfänger hat immer Recht*: Mitarbeiter können diese Fähigkeit nur bei der Hälfte Ihrer Chefs feststellen.

Es wäre also durchaus angebracht, wenn Vorgesetzte sich weniger an ihrem Wunschdenken als an der Realität orientierten. Solche Diskrepanzen in der Betrachtung zeigen deutlich, dass die ungestörte und offene Kommunikation zwischen Chefs und Mitarbeitern noch nicht so weit entwickelt ist, wie es für eine effektive Zusammenarbeit wünschenswert wäre. Das bedeutet für Sie: Seien Sie selbstkritisch genug, um nicht Ihren eigenen Wunschvorstellungen zu erliegen. Beseitigen Sie alle Hindernisse, bevor Sie mit dem Delegieren beginnen.

Dirigieren oder mitspielen – Pilot und Fluglotse gleichzeitig?

Wenn Sie sich mit dem Thema Delegieren beschäftigen, dann werden Sie sehr schnell feststellen, dass Sie einem Konflikt entgegensteuern, der wie folgt lautet: Fasse ich mit an, oder halte ich mich aus der Tätigkeit heraus? Funktioniere ich nur als Kontrolleur, so wie der Dirigent aus dem letzten Kapitel, der sich trotz seiner Musikalität nicht in das aktive Mitspielen einmischt, oder lege ich aktiv mit Hand an? Noch deutlicher wird der Zielkonflikt bei einem Vergleich aus der Luftfahrt. Der Pilot, der gleichzeitig als sein eigener Fluglotse agieren würde, wäre wahrscheinlich immer der Meinung, auf dem richtigen Kurs zu sein. Obwohl er bestimmt in der Lage wäre, im Notfall einen anderen Piloten auf den richtigen Kurs einzuweisen, wäre sein Risiko des Scheiterns extrem hoch, wenn er sich selbst kontrollieren sollte. Er weiß zwischen den beiden Funktionen Pilot oder Flugsicherungskontrolleur zu unterscheiden. Er ist auch nicht »beleidigt« oder in seiner Berufsehre gekränkt, wenn er von der Bodenstation den Hinweis oder die Mahnung erhält, seinen Kurs zu ändern. Ihm ist klar, dass dieser Hinweis karriere- oder sogar lebensrettend sein kann.

Und wie sieht die Situation beim Delegieren in einem Unternehmen aus? Beim Delegieren einer Aufgabe werden Sie immer wieder vor der Versuchung stehen, selbst »mitzumischen«, sich selbst einbringen zu wollen, helfen zu wollen. Wenn Sie sich vor diese Entscheidung gestellt sehen, dann sollten Sie sich kurz fragen: »Warum habe ich diese Aufgabe eigentlich delegiert?« Wahrscheinlich deshalb, weil Sie sich für diese Tätigkeit keine Zeit nehmen wollten, Ihre Zeit für wichtigere Aufgaben reservieren wollten. Nun, wenn Sie sich schon für dieses Vorgehen entschieden haben, dann sollten Sie jetzt auch zu Ihrer Entscheidung stehen und sich konsequent von der delegierten Arbeit fernhalten. Ihre Mitarbeiter werden kein Verständnis dafür aufbringen, wenn Sie derart inkonsequent vorgehen.

In welcher Rolle fühle ich mich wohl?

Bevor Sie delegieren, prüfen Sie doch bitte einmal Ihr Menschenbild: Welche Meinung haben Sie über die Menschen? Der Verhaltenspsychologe Douglas McGregor ist der Meinung, dass es bei der Beurteilung von anderen Menschen zwei Theorien gibt: Theorie X und Theorie Y.

Personen, die der Theorie X zuneigen, sind der Meinung, dass die meisten Menschen faul sind, harter Arbeit aus dem Weg gehen, geführt und kontrolliert werden müssen, sich überhaupt nur mit Drohungen anstrengen und von eigener Verantwortung im Allgemeinen recht wenig halten.

Personen, die der Theorie Y zugeneigt sind, haben ein anderes Menschenbild. Sie glauben nämlich, dass die Menschen, wenn die richtigen Voraussetzungen vorhanden sind, von sich aus Verantwortung suchen und akzeptieren sowie Herausforderungen bereitwillig annehmen. Sie sind auch davon überzeugt, dass Menschen, die etwas erreichen wollen, sich selbst motivieren und steuern können. Sie gehen ebenso davon aus, dass die meisten Menschen die in ihnen vorhandene Kreativität und Vorstellungskraft gerne aktiv nutzen möchten.

Welcher Theorie geben Sie Ihre Präferenz? Glauben Sie, dass nur dann Dinge in Bewegung kommen, wenn mit der Peitsche geknallt wird? Oder glauben Sie eher an »das Gute« im Menschen? Daran, dass Menschen eher kreativ und innovationsfreudig sind? Ihre Einstellung bestimmt nämlich Ihren Führungsstil. Sie werden vielleicht einwenden, dass Sie im Prinzip zwar zur Theorie Y neigen, aber (hier schaltet sich Ihre Lebenserfahrung ein) dass Sie eine ganze Menge Leute kennen, auf die Theorie X genau zutrifft. Sie haben Recht, so ist das Leben, eine Mischung vieler Varianten. Welche der beiden Theorien aber bestimmt Ihr Handeln, Ihr Denken? Wo liegt Ihre Präferenz?

Es ist nachgewiesen, dass Führungskräfte vom Typ Y erfolgreicher sind als jene vom Typ X. Nach dem Muster der sich selbst erfüllenden Prophezeiung werden in einer vom Typ X geführten Abteilung selbst die motivierten und engagierten Mitarbeiter nach einiger Zeit so reagieren, wie es dem Menschenbild ihres Chefs entspricht: Sie arbeiten nur noch unter strikter Führung und Kontrolle (womit die Führungskraft Typ X ihre Theorie bestätigt sieht). Dieser Chef steht über seinen Mitarbeitern, sie stehen unter ihm, sie sind seine Untergebenen. Er trifft in der Regel alle Entscheidungen in eigener Verantwortung und aus eigener Machtvollkommenheit. Die Meinungen seiner Mitarbeiter sind lästiges Beiwerk. Um sicher zu sein, dass alles gemäß seinen Anweisungen ausgeführt wird, muss er lückenlos kontrollieren. Deshalb kann er keine Abweichungen dulden, die er nicht vorher persönlich genehmigt hat. Dieser Führungsstil hat allerdings auch einen (wenn auch nicht anhaltenden) Vorteil: Über kurze Zeiträume lässt sich eine relativ hohe Leistung aus den Untergebenen »herausholen«. Die Abteilung funktioniert aber nur so lange, wie ein spürbarer Druck vorhanden ist; meist ist dazu auch die physische Präsenz des »Antreibers« erforderlich. Motivation und eigenständiges Denken der Mitarbeiter werden sukzessive reduziert. Änderungen im Ablauf sind nur sehr schwer und mit großem Zeitaufwand durchzuführen. Innovationskraft kann von dieser Abteilung nicht erwartet werden. Qualifizierte Mitarbeiter lassen sich diese Art der Führung nicht lange bieten, es ist vorhersehbar, dass die Qualität der Abteilung sinkt.

Wie sieht es dagegen in einer vom Typ Y geführten Abteilung aus? Hier haben die Mitarbeiter regelmäßig das Gefühl, dass sie ihre Ziele verwirklichen, sich selbst bestätigen können und in eigener Verantwortung ihre Aufgabe erfüllen können. In einer solchen Abteilung gibt es wahrscheinlich (die Statistik kann es bestimmt belegen) auch mindestens einen Typ-X-Mitarbeiter. Wenn ihm aber von seinem Chef und seinen Kollegen vorgelebt wird, wie man sich selbst weiterentwickeln kann – durch Eigeninteresse und »Mut zum Risiko« –, dann wird auch er sich Schritt für Schritt in die richtige Richtung entwickeln. Ist er allerdings »entwicklungsresistent«, dann wird er sich in diesem Umfeld nicht sehr wohl fühlen – und es hoffentlich bald verlassen. Bei einer vom Typ Y gelenkten Abteilung steht nicht die Person oder Position der Führungskraft im Mittelpunkt, sondern die zu bewältigende Aufgabe beziehungsweise das gemeinsam erarbeitete Ziel. Fehler werden hier als Chance zur Verbesserung verstanden und nicht als Grund zur – zuweilen öffentlichen – Bestrafung. Änderungen in der Aufgabenstellung oder in den Abläufen werden von den Mitarbeitern eher als Abwechslung und Verbesserung begriffen, auftretende Probleme durch eine offene Kommunikation schneller und ohne Schuldzuweisungen erkannt und gelöst.

Nun stellen wir noch einmal die Frage: In welcher Denkwelt fühlen Sie sich wohler, in der von Typ Y oder der von Typ X?

Typ X? Dann sollten Sie das Buch an dieser Stelle zuklappen und einem Bekannten schenken, denn Sie werden mit dem Begriff »Delegieren« nichts anfangen können.

Mitarbeiter richtig einschätzen

Der Erfolg beim Delegieren hängt wesentlich von der Auswahl der richtigen Mitarbeiter ab. An dieser Stelle sind Sie als Führungskraft gefordert, die Ihnen zur Verfügung stehenden Personen richtig einzuschätzen. Nun werden Sie vielleicht von der Personalabteilung entsprechende Informationen und Unterlagen anfordern können – meist jedoch sind diese Daten nicht aktuell oder für Ihre konkrete Aufgabenstellung nicht aussagekräftig genug. Das bedeutet, Sie müssen sich selbst mit der Beurteilung und Einschätzung der infrage kommenden Mitarbeiter auseinander setzen.

Welche Beurteilungskriterien sind nun wichtig? Diese Frage kann nicht so allgemein beantwortet werden. Auf der einen Seite wäre es kein Nachteil, wenn Sie aus einem Personal-Pool schöpfen könnten, in dem jeder »Olympiareife« besitzt. Auf der anderen Seite wären dann diese Mitarbeiter bestimmt meist unterfordert – und somit frustriert –, wenn ihnen nicht regelmäßig »olympische Höchstleistungen« abgefordert würden. Die entscheidende Frage ist deshalb: Für welche Aufgaben suche ich welche Qualifikationen?

Suche ich jemanden für eine Routinetätigkeit, für ein risikoreiches neues Projekt, für die Kontaktpflege zu schwierigen Kunden, für die Entwicklung neuer Ideen, für den Aufbau eines neuen Teams? Oder suche ich jemanden für ein straffes Kostenmanagement, für überzeugende Präsentationen, für den Aufbau neuer Kundenkreise, für die Bearbeitung von Reklamationen, für die erfolgreiche Beendigung langwieriger Verhandlungen, für die Lösung von Konflikten, für die Veränderung von Organisationsstrukturen, für den Aufbau einer neuen Abteilung, für die Überwachung von Terminen? Oder suche ich einen Stellvertreter? Abhängig von der Antwort auf diese Fragen ergibt sich der Schwerpunkt des Anforderungsprofils.

Eine hilfreiche Methode zur Auswahl der richtigen Mitarbeiter ist die SWOT-Analyse. Die Anfangsbuchstaben stehen für

1. Strengths (Stärken),
2. Weeknesses (Schwächen),
3. Opportunities (Chancen, Möglichkeiten),
4. Threats (Gefahren).

Für jeden Ihre Mitarbeiter legen Sie eine Tabelle an, in der diese vier Punkte aufgeführt und betrachtet werden. Das Hauptaugenmerk sollten Sie dabei auf die Stärken und die Chancen legen, denn nur diese können Sie kurzfristig nutzen. Bei den Schwächen und Gefahren lässt sich nur längerfristig eine Verbesserung erreichen.

1. Betrachten wir einmal einige typische Eigenschaften und Fähigkeiten aus dem Bereich der Stärken. Das sind z. B.:

- kann gut mit anderen kommunizieren (kommt schnell auf den Punkt);
- kann Dinge überzeugend erklären (man versteht, was gemeint ist);
- hat Durchsetzungsstärke (lässt sich nicht von Widrigkeiten aufhalten);
- kann gut analysieren (erkennt, worum es geht);
- kann sich konzentrieren (lässt sich nicht so schnell ablenken);
- hat gute Kontakte (die uns bei Problemen vielleicht helfen können);
- ist flexibel im Denken (kann sich bei Problemen schnell umstellen);
- ist kreativ (entwickelt bei Bedarf alternative Lösungen);
- ist stressresistent (hat sich gut im Griff);
- ist termintreu (liefert seine Arbeit zu vereinbarten Zeitpunkten ab);

- erkennt eigene Fehler (kontrolliert die eigene Arbeit);
- kennt seine Grenzen (meldet sich rechtzeitig bei Überforderung);
- kann konstant ein hohes Leistungsniveau erbringen (liefert planbare Resultate);
- arbeitet selbstständig (braucht keine Kontrolle);
- hängt nicht am Detail (sieht immer die Zusammenhänge);
- hat seine Gefühle unter Kontrolle (lässt die Kollegen nicht unter seinen Launen leiden);
- ist kritikfähig (kann sachlich vorgetragener Kritik zuhören und daraus lernen);
- freut sich auf Neues (kann sich von Bisherigem gut lösen);
- ist entscheidungsfreudig (zeigt Risikobereitschaft);
- ist fantasievoll (kann sich vieles vorstellen, was noch nicht existiert);
- ist ehrgeizig (möchte etwas bewegen und Resultate sehen);
- ist freundlich und hilfsbereit (baut kein Feindbild auf);
- ist loyal (ein verlässlicher Partner);
- hat eine gute Intuition (kann viele Dinge im Voraus erahnen);
- ist intelligent und gebildet (guter Repräsentant nach außen);
- nimmt Dinge selbst in die Hand (wartet nicht, bis andere reagieren).

2. Werfen wir nun einen Blick auf die (vermeintlichen?) Schwächen:

- ist sehr gutmütig (lässt sich schneller von anderen ausnutzen);
- lässt sich schnell ablenken (verliert dadurch häufig Zeit);
- wird schnell ungeduldig (stört dadurch die Kollegen);
- arbeitet sehr langsam (liefert weniger Leistung als die anderen);

- kann nicht abstrakt denken (muss alles anhand von Beispielen erklärt bekommen);
- ist emotional und launisch (Leistung nicht planbar);
- achtet zu wenig auf Details (übersieht schnell etwas);
- neigt zum Ja-Sagen (kein echter Sparringspartner);
- legt sich ungern fest (Verhalten nicht planbar);
- stellt Gefühle über Fakten (Entscheidungen oft nicht nachvollziehbar);
- sammelt zu viele Fakten (kann sich schwer entscheiden);
- hält sich lieber im Hintergrund (für Außenkontakte weniger geeignet);
- geht ungern auf andere zu (zeigt wenig Initiative);
- kann keine fundierten Schätzungen abgeben (braucht immer Zahlen und Fakten);
- langweilt sich schnell (muss immer mit neuen Dingen beauftragt werden);
- lässt sich schlecht führen (macht immer, was er will).

Wenn wir die unter den Stärken aufgelisteten Eigenschaften betrachten, so wird jeder zustimmen, dass es sich hier wirklich um positive, angenehme, erstrebenswerte und produktive Punkte handelt. Wie aber sieht es bei den »Schwächen« aus? Hier fällt die Einteilung in »gut« oder »schlecht« schon nicht mehr ganz so leicht. Einige der aufgeführten Eigenschaften können nämlich durchaus auch als positive Disposition gesehen werden – abhängig von der jeweiligen Aufgabe oder Funktion. Hier sollten Sie bei der Aufstellung Ihrer Übersichtstabelle sehr sorgfältig differenzieren.

3. Bei den Chancen und Möglichkeiten könnte zum Beispiel stehen:

- interessiert sich für eine Tätigkeit im Ausland (ideal, wenn die Firma expandieren will);
- möchte eine kreativere Tätigkeit ausüben (vielleicht müssen in Zukunft *mehr Texte erstellt* werden);
- hat einen Kurs in Kreativitätstechnik besucht (kann sein Wissen jetzt den Kollegen weitervermitteln).

Hier lassen sich bei genauer Betrachtung der vorhandenen Fähigkeiten und Wünsche viele Ansätze entdecken, wie die Qualifikationen des Mitarbeiters künftig besser genutzt werden können.

4. Bei den Gefahren ist die Zuordnung wieder bedeutend einfacher:

- ist rechthaberisch (mit diesem Mitarbeiter gibt es schneller Probleme im Kollegenkreis);
- verliert schnell die Geduld (verursacht durch sein Verhalten eher Probleme).

An den unter Ziffer 4 aufgeführten Punkten lässt sich kurz- bis mittelfristig (wenn überhaupt) nichts ändern. Wichtig ist nur, dass Ihnen diese Eigenschaften bekannt sind, wenn Sie darangehen wollen, an diese Mitarbeiter eine Aufgabe zu delegieren. Sie können durch die richtige Auswahl eine Menge vorhersehbarer Probleme vermeiden, indem Sie solche Mitarbeiter mit Aufgaben betrauen, bei denen sie keinen Schaden anrichten können. Vielleicht gelingt es Ihnen im Lauf der Zeit, die anerzogenen »Defekte« zu mildern oder sogar zu »reparieren«. Das wäre ein schöner Nebeneffekt. Konzentrieren sollten Sie sich aber auf den Satz: Erfolg haben heißt, sein Ziel zu erreichen.

Abschließend noch ein paar weitere Merksätze, die Ihnen bei Ihrer Arbeit weiterhelfen:

- Der Zweifel an den eigenen Fähigkeiten ist eine Vorstufe zum Misserfolg.
- Regeln muss man respektieren – oder selbst erstellen.
- Die Logik ist die Zwangsjacke der Fantasie.
- Kein Kritiker hat jemals etwas entschieden.
- Um hoch fliegen zu können, muss man die Körner am Boden vergessen.
- Leute, die jedes Risiko scheuen, gehen selbst das größte Risiko ein.
- Erstklassige ertragen Erstklassige – Zweitklassige ertragen nur Drittklassige.
- Um Erfolg im Leben zu haben, muss man den Standpunkt des anderen einnehmen und die Dinge mit dessen Augen sehen können.

Kapitel 3

Mitarbeiter motivieren durch Delegieren

Kapitelüberblick

Motivation ist Bedürfnis plus Anreiz

Die Angst vor dem Versagen – auf beiden Seiten

Verborgene Potenziale entdecken und Synergieeffekte nutzen

Fordern heißt fördern

Ziele motivierend formulieren

Gärtner oder Bildhauer? Ihre Verantwortung gegenüber Ihren Mitarbeitern

Motivation ist Bedürfnis plus Anreiz

Beim Thema Delegieren kommen wir nicht umhin, uns intensiver mit dem Stichwort »Motivation« zu beschäftigen. Jede Führungskraft kennt und benutzt den Begriff, aber nicht jeder versteht dasselbe unter Motivation. Ein verräterischer Satz ist zum Beispiel: »Ich muss meine Leute dahin motivieren, dass sie ...« Ehrlicher wäre die Aussage: »Ich manipuliere so lange an meinen Mitarbeitern herum, bis sie das tun, was ich mir vorgestellt habe.« Was heißt eigentlich Motivation? Kann man überhaupt einen anderen Menschen motivieren, vielleicht sogar gegen seinen Willen? Hier ist nicht eine Drucksituation gemeint, in der dem Mitarbeiter keine andere Wahl bleibt, als den »Vorschlägen« zuzustimmen, denn eine solche Situation fällt unter die Rubrik »Erpressung«. Nein, wir meinen hier eine typische Situation, in der ein Vorgesetzter versucht, einem Mitarbeiter eine bestimmte Vorgehensweise zu »verkaufen«, ihn davon zu überzeugen, etwas im Sinne des Chefs oder des Unternehmens zu tun. Gelingt es dem Chef, gegen den Willen oder Widerstand des Mitarbeiters diesen zum gewünschten Ziel »hin zu motivieren«? Die Antwort lautet eindeutig: Nein. Motivation kann nur aus der betroffenen Person heraus entstehen. Man kann keinen anderen Menschen motivieren, das kann er nur selbst. Allerdings kann man ihm kräftig dabei helfen, sich selbst zu motivieren, indem man ihm nämlich Anreize bietet, die für ihn im wahrsten Sinne des Wortes »reizvoll« erscheinen. Motivation lässt sich auch auf die einfache Formel $M = B + A$ zurückführen: Motivation ist Bedürfnis plus Anreiz. Das »B« wird oft übersehen, aber es ist wichtig: Wenn ein Mitarbeiter nicht das Bedürfnis verspürt, etwas zu tun, dann nützt auch der bestgemeinte Anreiz wenig, ihn zu einer Tätigkeit zu bewegen.

Betrachten wir folgendes Beispiel: Als Abteilungsleiter ist es Ihnen aufgrund guter Beziehungen gelungen, Eintrittskarten zu einem Grand-Prix-Rennen zu ergattern. Es steht in Ihrem Arbeitsbereich eine dringende Arbeit an, für die Sie den Wochenendeinsatz eines Mitarbeiters benötigen. Wenn dieser Mitarbeiter als Auto-Fan bekannt ist, dann werden Sie ihm mit dem Anreiz »Eintrittskarte« ein persönliches Bedürfnis befriedigen können, nämlich den Besuch des Rennens. Er wird sich selbst zu der Mehrarbeit motivieren, da nach unserer Formel in seinem Kopf Bedürfnis (das Rennen sehen zu wollen) plus Anreiz (die Möglichkeit, sich diesen Wunsch zu erfüllen) den nötigen »Motivationsimpuls« auslösen. Wäre dieser Mitarbeiter eher ökologisch interessiert, dann würde er ein Autorennen als lautes »Im-Kreis-Herumfahren« definieren, und Ihre Eintrittskarte würde ihn absolut nicht interessieren. Ihr Motivationsversuch wäre somit zum Scheitern verurteilt. Vielleicht hätte eine Eintrittskarte zum Besuch der »Grünen Woche« oder zu einer Informationsveranstaltung zum Thema Solarenergie mehr Erfolg. Sie sehen an diesem Beispiel, wie wichtig es ist, über Ihre Mitarbeiter Bescheid zu wissen – über ihre Interessen, Motivationslage, Vorstellungen und Problembereiche.

Motivation ist Bedürfnis plus Anreiz.

Die Motivationsbereitschaft von Mitarbeitern kann auch stark begrenzt sein. Betrachten wir eine Situation, die in der Praxis häufiger vorkommt: Durch Personalabbau wird die Arbeit neu verteilt. Die Mitarbeiter waren aber bereits vorher an ihrer Auslastungsgrenze angelangt. Wenn Sie nun durch eine Vermehrung oder Verdichtung der Aufgaben dem Einzelnen ein konstantes Mehr an Arbeit durch Delegieren von neuen Tätigkeiten aufhalsen, dann dürfte sich die Eigenmotivation der Mitarbeiter in sehr engen Grenzen halten. Wer lässt sich schon gerne freiwillig über seine Belastbarkeitsgrenze hinaus Mehrarbeit aufbürden? Ganz anders die Situation, wenn sich die Mitarbeiter vorher nicht ausgelastet und deswegen unzufrieden gefühlt hätten. Auch diese Situation kommt übrigens häufiger vor, als man denkt. Durch Umfragen im Mitarbeiterkreis lässt sich sehr schnell ermitteln, wie hoch der Zufriedenheitsgrad mit der eigenen Tätigkeit ist. Vor dem Delegieren sind also immer Motivationslage, Tätigkeitsfeld und Auslastungsgrad eines jeden einzelnen Mitarbeiters festzustellen, es ist eine Workload-Analyse durchzuführen.

Die Angst vor dem Versagen – auf beiden Seiten

Im vorherigen Kapitel wurden bereits einige Ängste angesprochen, die beim Delegieren über Erfolg oder Misserfolg entscheiden. Einer der wichtigsten Punkte für den Erfolg der Zusammenarbeit ist gegenseitiges Vertrauen. An dieser Stelle wird niemand widersprechen wollen – in der Theorie. In der Praxis des täglichen Lebens, egal ob im privaten oder im beruflichen Alltag, sieht es jedoch häufig anders aus. Mit scherzhaft klingenden Zitaten wie: »Vertrauen ist gut, Kontrolle ist besser«, oder: »Wer Vertrauen schenkt, ist es los«, erspart sich so mancher einen tiefer gehenden Denkprozess. (Vertrauen und Kontrolle schließen sich übrigens nicht aus, wie wir später noch sehen werden.) Vertrauen setzt aber voraus, dass Sie dem anderen erst einmal zutrauen, dass er Ihre Erwartungen erfüllt. Das wiederum setzt voraus, dass Sie ihm Ihre Erwartungen unmissverständlich vermitteln können und dass Ihr Gegenüber mit Ihnen in einem offenen Gespräch seine Wünsche und Bedenken äußern kann – so lange, bis beide Seiten wissen, was sie gegenseitig voneinander erwarten können. Keine Angst, das heißt nicht, dass Sie sich auf endlose Diskussionsrunden mit Ihren Mitarbeitern einlassen müssen. Man kann auch in relativ kurzen Gesprächen zu einem Konsens kommen, vorausgesetzt, man beherrscht einige Grundregeln der Kommunikation. Ein solches Gespräch setzt aber einen angstfreien Dialog voraus, der nicht durch Hierarchiegrenzen oder die Demonstration unterschiedlicher fachlicher Niveaus beeinträchtigt wird. Für diesen Dialog nimmt man sich allerdings in der Praxis häufig nicht die erforderliche Zeit. Das Resultat: Es entsteht kein echtes Vertrauensverhältnis, ein Rest von Misstrauen trübt die Atmosphäre. Es bleibt eine unterschwellige Angst im Raum stehen, ob man sich auf den anderen wirklich hundertprozentig verlassen kann. Vertrauen ist schneller zerstört als aufgebaut. Man kann die Situation mit einem Federkissen vergleichen, das mit einem Schnitt aufgetrennt wird. Die Federn sind im Wind sehr schnell zerstoben. Das Einsammeln der Federn und die Wiederherstellung des Federkissens (des Vertrauens) dauert ein Vielfaches länger als der Vorgang des Zerstörens. Wo Vertrauen fehlt, herrscht Misstrauen. Misstrauen ist uns aber nicht angeboren. Misstrauen entsteht aus enttäuschten Lebenserfahrungen, aus nicht gehaltenen Zusagen, aus leichtsinnig dahingesagten Versprechungen – kurz: aus allen Situationen, in denen wir uns getäuscht haben oder haben täuschen lassen. Mit diesem »Ballast« an Erfahrungswerten treffen nun zwei Seiten aufeinander, die ein gemeinsames Ziel haben sollten, nämlich zum Wohle des Unternehmens zusammenzuarbeiten: der Vorgesetzte, der Arbeiten abgeben will, und der Mitarbeiter, der diese Arbeiten annehmen soll.

Schauen wir uns die Ängste der beiden Parteien einmal näher an. Zuerst die des Chefs. Hauptpunkte seiner Bedenken und Ängste können sein: Schafft das der Mitarbeiter überhaupt? Kann ich das von ihm erwarten? Wie muss ich reagieren, wenn er ablehnt? Wie wird die Reaktion seiner Kollegen sein, wenn er als Einziger diese Aufgabe erhält? Was mache ich, wenn er nicht rechtzeitig mit der Arbeit fertig wird? Wie kann ich den Arbeitsfortschritt überwachen, ohne dass sich der Mitarbeiter kontrolliert fühlt? Wie kann ich im Notfall eingreifen, ohne die Arbeit wieder selbst übernehmen zu müssen? Überlaste ich den Mitarbeiter möglicherweise? Was würden meine Kollegen an meiner Stelle machen? Wie betrachtet mein Chef mein Vorgehen, glaubt er etwa, ich sei unfähig? Kann es Probleme mit dem Betriebs- oder Personalrat geben? Verliere ich nicht die Kontrolle über meine Abteilung, wenn ich Dinge aus der Hand gebe? Ziehe ich mir womöglich einen Konkurrenten heran, der mir später gefährlich werden kann? Gebe ich damit vielleicht Arbeiten ab, die mir besonderen Spaß machen? Ist es bei uns im Haus eigentlich üblich, so vorzugehen?

Gerade beim letzten Punkt stellt sich die Frage nach der Firmenkultur. Arbeiten Sie in einem Unternehmen, in dem jeder darauf bedacht ist, für sich selbst zu kämpfen und sich nach oben hin im besten Licht darzustellen, oder arbeiten Sie in einem Betriebsklima, in dem jeder gerne dem anderen hilft und sich auch helfen lässt? Gerade wenn Sie als neue Führungskraft »neue Sitten« im Unternehmen einführen möchten, sollten Sie diesen Punkt für die Vermarktung Ihres eigenen Führungsstils berücksichtigen. Denn wenn Sie Ihren Chef nicht von den Vorteilen Ihres Führungsstils und Ihrer »Delegationsphilosophie« überzeugen können, wird man Ihnen beim ersten Misserfolg wahrscheinlich vorwerfen, dass Ihr Führungsstil eben nicht zum Unternehmen passt. »So etwas funktioniert bei uns im Haus nicht, das habe ich Ihnen ja gleich gesagt.« (Deshalb ist es so wichtig, sich vor der Entscheidung für einen neuen Arbeitsplatz nicht nur um die materiellen Aspekte zu kümmern, sondern auch zu prüfen, ob der eigene persönliche Stil in diesem Unternehmen Ihnen eine Überlebenschance bietet.) Sie werden auch Unterschiede finden, die durch die Betriebsgröße bedingt sind. Dort, wo ein Unternehmen stark durch Organigramme und spürbare Abteilungsgrenzen bestimmt ist, findet sich seltener eine funktionierende Form des Delegierens. In solchen – meist großen – Unternehmen sind Aufgaben und Funktionen »fest gewachsen«, mit Änderungen und ungewohnten Führungsmethoden sind die Mitarbeiter eher überfordert. Anders ein Unternehmen, in dem von der Spitze her alle Arbeiten delegiert werden, die nicht zum Kerngeschäft der jeweiligen Führungskraft gehören.

Es gibt also eine Menge Fragen. Sie zeigen alle eine gewisse Portion Unsicherheit in Ihrer derzeitigen Position. Diese Unsicherheit gehört aber zum normalen Entwicklungsprozess einer Führungskraft. Nur wenn Sie sich intensiv mit diesen Fragen auseinander setzen, gewinnen Sie die nötige Sicherheit bei der Durchsetzung Ihrer Ideen und Wünsche. Ihr Verhalten gegenüber den Mitarbeitern kann nur durch absolute Offenheit gekennzeichnet sein, durch offen gezeigtes Vertrauen. Gegenüber hierarchisch gleich- oder höher gestellten Personen empfiehlt sich im Zweifelsfalle die kollegiale Frage: »Welche Erfahrungen haben Sie in ähnlichen Situation gesammelt?« Das soll nicht heißen, dass Sie sich genauso verhalten wie Ihr Tippgeber. Aus den Erfahrungen anderer können Sie aber Ihre eigenen Schlussfolgerungen ziehen, ohne eventuelle Fehler anderer zu wiederholen. Lassen Sie sich jedoch nicht von Ihrer Zielsetzung abbringen, Ihre Mitarbeiter so weit wie möglich einzubinden und zu informieren. So zeigt eine Studie der implus Trainings AG, dass an erster Stelle der Erwartungen der Mitarbeiter an eine Führungskraft folgender Punkt genannt wurde: Er/Sie muss motivieren, Anerkennung und Wertschätzung geben können und begeisternd wirken. Wenn Sie diese Anforderungen erfüllen, dann wird es Ihnen nicht schwer fallen, in Ihrer Abteilung begeisterte Mitarbeiter zu finden, die gerne auch andere oder zusätzliche Aufgaben übernehmen.

Und wie sieht es auf der anderen Seite aus, bei den Mitarbeitern? Welche Ängste können sich im Kopf des Mitarbeiters breit machen? Hier ist zu unterscheiden zwischen einem Betriebsklima, das durch Offenheit und Vertrauen gekennzeichnet ist, und einer Arbeitsatmosphäre, die eher in ein Survival-Camp passen würde. In der ersten Situation wären folgende Ängste zu erwarten: Kann ich die Anforderungen meines Chefs erfüllen? Schaffe ich die Arbeit im vorgesehenen Zeitplan? Bleiben dadurch nicht andere Aufgaben liegen? Werden meine Kollegen nicht neidisch auf mich sein? Was muss ich noch alles lernen, um diesen Job richtig zu machen? In der zweiten, angespannten Arbeitsatmosphäre könnten die Ängste sein: Warum kriege gerade ich diese Arbeit? Will man mich etwa testen? Die wollen wohl sehen, ob ich das schaffe. Was macht man mit mir, wenn ich versage? Ich glaube, diesen Job will wohl keiner machen, jetzt ist er bei mir gelandet. Man sucht wohl nur einen Schuldigen, wenn es nicht klappt. Wenn ich jetzt zusage, dann werde ich diesen Job wohl für immer machen müssen. Überhaupt, warum soll ich die Arbeit von anderen machen? Dafür werde ich nicht bezahlt!

An diesem »Blick in die Köpfe« sehen Sie, dass für das erfolgreiche Delegieren ein funktionierendes Vertrauensverhältnis unabdingbare Voraussetzung ist. Die »Angst vor dem Versagen« beim Mitarbeiter ist übrigens ebenfalls nicht per se negativ zu betrachten, wenn diese »Angst« positive Impulse, wie zum Beispiel Ehrgeiz, auslöst. Ist diese Angst allerdings so stark, dass sie das Denken und Handeln lähmt, dann muss offen und »angstfrei« über das Problem des Mitarbeiters gesprochen werden. Dann muss gemeinsam nach Lösungen gesucht werden. Das ist die Aufgabe einer Führungskraft. Und gerade hier werden die größten Schwächen bei neuen Führungskräften festgestellt: offen mit Mitarbeitern zu sprechen und zu delegieren, Aufgaben, Kompetenzen und Verantwortung an die Mitarbeiter zu übertragen. Die Erfahrung von Personalfachleuten: »Wer die offene Kommunikation nicht beherrscht, wird nie eine echte Führungskraft.« Führen heißt nämlich heute nicht mehr »herrschen« oder »aufpassen«, sondern Mitarbeiter zur selbstständigen Arbeit befähigen. Das setzt auch voraus, dass Sie Ihre Aufgaben bedarfs- und nicht tätigkeitsorientiert wahrnehmen: weg von der Devise: »Eine Führungskraft muss führen«, und hin zu dem Motto: »Wer Führung benötigt, erhält sie, wann er sie braucht – und so viel er braucht«. Die Führungskraft als erster Dienstleister der Mitarbeiter. Diese Führungsmethode ist auch als »Situatives Führen« bekannt. Sie bedeutet, dem Mitarbeiter in den unterschiedlichen Phasen seiner Entwicklung die entsprechende Unterstützung zukommen zu lassen. Zeigen Sie Ihren Mitarbeitern, dass Arbeit für Sie mehr bedeutet als eine Tätigkeit gegen Bezahlung.

> **F**ühren heißt nämlich heute nicht mehr »herrschen« oder »aufpassen«, sondern Mitarbeiter zur selbstständigen Arbeit befähigen.

Verborgene Potenziale entdecken und Synergieeffekte nutzen

Ein großer Vorteil des Delegieren besteht darin, dass Sie gezwungen sind, Ihr Umfeld und die vorhandenen Ressourcen genauer zu betrachten und zu analysieren. Gerade wenn Sie eine Abteilung neu übernehmen, öffnet sich hier ein interessantes Betätigungsfeld für einen Vorgesetzten. Vorhandene Potenziale zu entdecken und zu (re-)aktivieren ist eine spannende Aufgabe, vor allem dann, wenn es sich um eine seit langem zusammenarbeitende Abteilung handelt. Häufig sind hier aufgrund der Routinetätigkeiten und der festgefahrenen Strukturen Abläufe und Aufgabenverteilungen entstanden, die vor einiger Zeit sicherlich ihre Berechtigung hatten, in unserer heutigen Arbeitswelt aber anachronistisch wirken. Wie kommen Sie nun an diese »verborgenen Schätze«, an die wahren Fähigkeiten Ihrer Mitarbeiter, heran? Ein Tipp: Betrachten Sie den Werdegang Ihrer Mitarbeiter, mit welchen Wünschen und Vorstellungen sie damals in das Unternehmen eingetreten sind (schauen Sie sich ruhig auch einmal »uralte« Bewerbungen an), welche »Karrierewege« sichtbar sind und welche Tätigkeit die Mitarbeiter heute mit welchem Zufriedenheitsgrad auf beiden Seiten erledigen. Sprechen Sie die Mitarbeiter auf deren Wünsche und Vorstellungen für die Zukunft an, finden Sie heraus, welche persönlichen Ressourcen in den Mitarbeitern schlummern. So mancher Chef konnte dadurch bloße Stelleninhaber zu lebendigen Akteuren reanimieren.

Ein interessanter Aspekt Ihrer Führungsaufgabe ist es auch, herauszufinden, welche Spielregeln innerhalb Ihrer Abteilung bestehen: Welcher Mitarbeiter kann mit welchem Mitarbeiter besonders gut zusammenarbeiten? Welche Mitarbeiter ergänzen sich auf besondere Art und Weise? Bei welchen Kombinationen entstehen die größten Synergieeffekte? In gut funktionierenden Abteilungen wissen die Mitarbeiter oft selbst um ihre »Kompatibilität«, hier brauchen Sie nur die Diskussion über Synergieeffekte zu beleben, indem Sie fragen: Wer kann von wessen Wissen am meisten profitieren? Haben sich Ihre Mitarbeiter über diese Zusammenhänge noch nie Gedanken gemacht, dann bitten Sie sie zu einem Meeting: In einer moderierten Zusammenkunft lässt es sich gut über die Optimierung der Zusammenarbeit in der Abteilung austauschen.

Bauen Sie gemeinsam mit Ihren Mitarbeitern eine »Wissensdatenbank« auf. Hier eignet sich die Mindmap-Methode sehr gut, weil sie die Zusammenhänge grafisch anschaulich darstellt. Die einzelnen Äste stellen entweder die Namen der Mitarbeiter dar mit den daran angehängten Fähigkeiten und besonderen Wissensstärken, oder Sie benutzen die Äste, um die einzelnen Aufgabengebiete darzustellen, und verbinden die Namen der Mitarbeiter in Form von Zweigen mit dem jeweiligen Sachgebiet (siehe Abbildung 6).

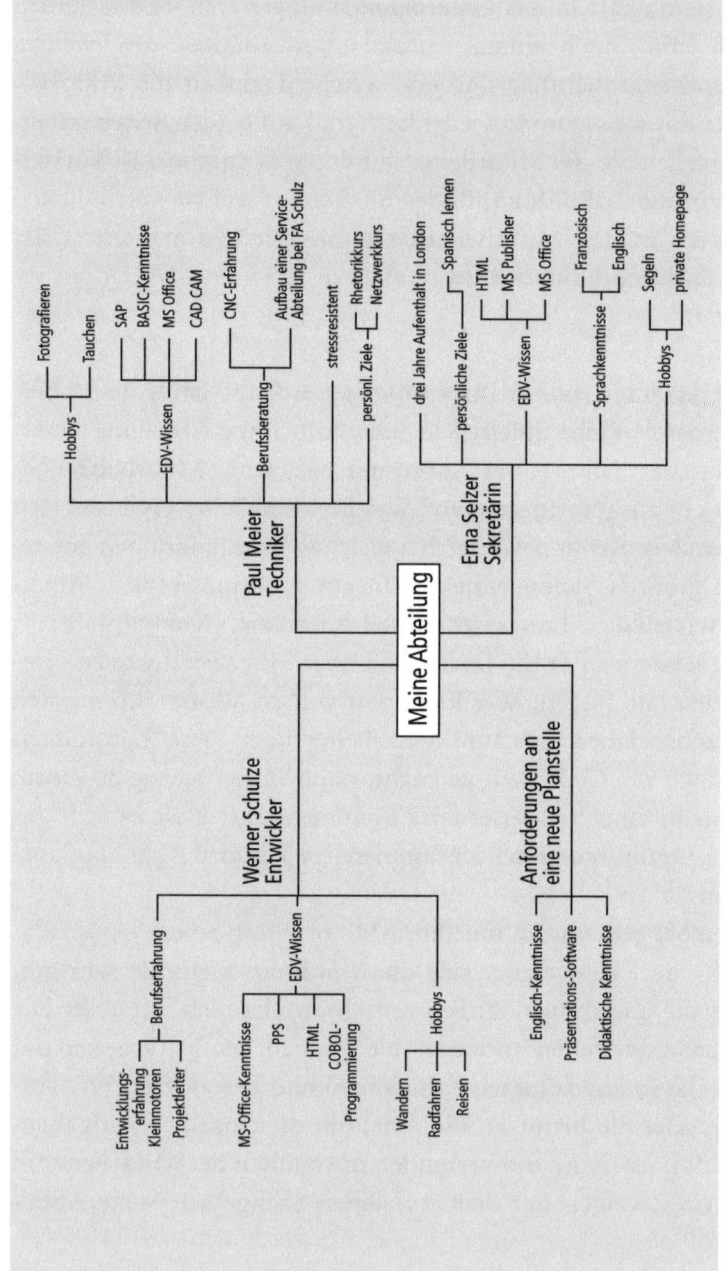

Abbildung 6:
Meine Abteilung

Die Vorteile von Mindmaps liegen darin, dass alle Punkte auf einen Blick sichtbar werden und dass durch die grafische Darstellung das themenzentrierte Arbeiten leichter wird. Mit dieser Methode lässt sich sehr viel Zeit sparen, denn verborgene Ideen kommen schneller ans Tageslicht und Problemlösungen lassen sich schneller entwickeln. Mit dieser Darstellungsform lässt sich erheblich mehr Information übersichtlich darstellen als bei einer Zusammenfassung in Listenform.

Es ist oft überraschend, welches verborgene Know-how bei solchen Diskussionen ans Tageslicht kommt: bis dahin unbekannt gebliebene Sprachkenntnisse, Hobbys, die auch im beruflichen Alltag genutzt werden können, oder Kontakte zu anderen Abteilungen oder Personen außerhalb des Unternehmens, die ebenfalls die tägliche Arbeit erleichtern können. In einer Zeit, in der sich die Halbwertszeit des Wissens permanent reduziert, kann es sich kein Unternehmen erlauben, Wissensressourcen im eigenen Haus unangetastet zu lassen. Wie sagte der Chef eines großen Unternehmens: »Wenn wir wüssten, was wir alles wissen.« Und im Rahmen der Globalisierung, der offenen Grenzen und der multikulturellen Zusammenarbeit ergeben sich ganz neue, zusätzliche Aspekte durch Menschen aus anderen Kulturkreisen mit zum Teil anderen Denkweisen und Erfahrungshintergründen. Nutzen Sie das geballte »Denkmaterial« Ihrer Mitarbeiter für den gemeinsamen Erfolg. Denken Sie aber bitte daran, dass trotz aller Kreativitätstechniken gute Ideen und Problemlösungen nicht mit der Stoppuhr in der Hand produziert werden können. Sorgen Sie für ein Klima, in dem Kreativität gedeihen kann.

Eine andere Möglichkeit der Darstellung: Stellen Sie das gesamte Know-how Ihrer Abteilung in einer grafischen Darstellung zusammen (siehe Abbildung 7). Auch hier werden Sie überrascht sein, wie viel Wissen Ihnen als Abteilungsleiter in der Summe zur Verfügung stehen kann. Sie stellen bei der Analyse aber auch schnell fest, welche Fähigkeiten noch ausgebaut werden müssen oder welche Anforderungen an neue Mitarbeiter zu stellen sind.

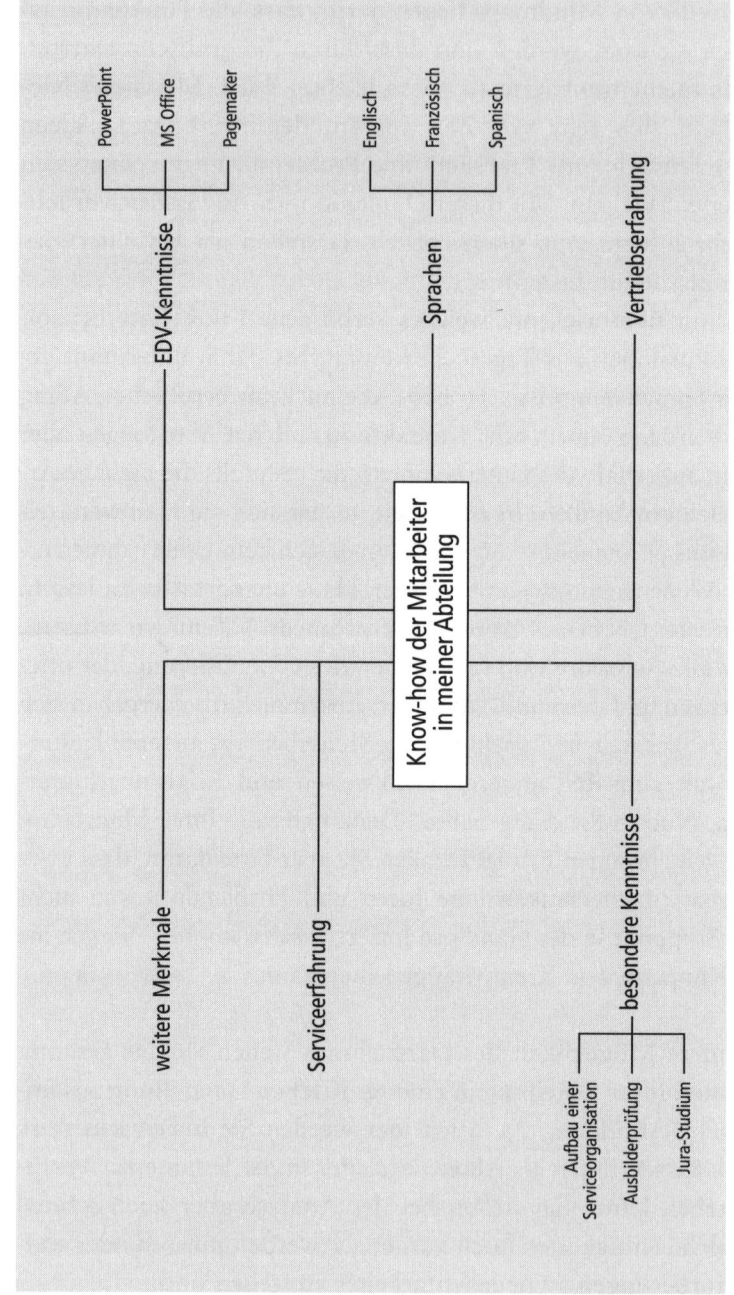

Abbildung 7:
Know-how der Mitarbeiter in meiner Abteilung

Fordern heißt fördern

Wenn Sie sich zum Delegieren entschlossen haben, dann heißt das gleichzeitig, dass Sie von Ihren Mitarbeitern mehr fordern, als vorher von ihnen erwartet wurde. Nicht jeder wird nun bereitwillig die neuen Aufgaben auf sich nehmen in der Gewissheit, dass er sich durch neue Dinge weiterentwickelt. Vor allem wenn der Mitarbeiter die neue Aufgabe als eine ungeliebte Routinetätigkeit ansieht, die niemand anders machen wollte und die jetzt eben bei ihm gelandet ist. Gerade dann ist es für Sie sehr wichtig, sich vor dem Delegieren Gedanken zu machen, inwieweit diese neue Aufgabe für den Mitarbeiter tatsächlich eine Herausforderung darstellen könnte. Machen Sie ihm klar, warum er diese Aufgabe erfüllen soll und – wenn es als eine weniger interessante Tätigkeit erscheint – welche Bedeutung diese Aufgabe für die gesamte Abteilung oder das Unternehmen hat. Wenn dann die Aufgabe zeitlich befristet ist oder im Rotationsverfahren auch von anderen einmal übernommen wird, dann fällt auch dem Mitarbeiter die Akzeptanz leichter. Das bedeutet nicht, dass Sie lange mit dem Mitarbeiter über Sinn und Zweck einer Tätigkeit diskutieren müssen. Eine klare Aussage von Ihnen über die Notwendigkeit einer Tätigkeit reicht aus. Allerdings müssen dem Mitarbeiter die Zusammenhänge verständlich erscheinen, wie wir später sehen werden.

Nun werden Sie sich bei der Frage: »Was kann ich delegieren?« auch gleichzeitig Gedanken machen müssen über die Auslastung Ihrer Mitarbeiter. Wer kann noch zusätzliche Tätigkeiten ausführen, wer hat noch Leistungsreserven, und wen würde ich mit einer zusätzlichen Aufgabe hoffnungslos überlasten? Schauen wir uns einmal das Leistungspotenzial eines Menschen an (siehe Abbildung 8). Wir alle kennen Zeiten während des Arbeitstages, an denen wir »besser drauf« sind, und Phasen, in denen wir mit gebremster Energie aktiv sind. Diese Kurven liegen bei jedem Menschen anders, aber allgemein ist am Vormittag und am Nachmittag die Leistungsfähigkeit des Körpers am größten. Es gibt einen guten Grund dafür, dass die Mittagspause sich in der Mitte des Arbeitstages befindet.

Auf der Zeichnung sehen wir die Leistungsfähigkeit von 0 bis 100 Prozent, aufgeteilt in vier Segmente von A bis D. Der Bereich A (automatisierte Leistungen) beinhaltet die Leistungen, die keines besonderen Anstoßes bedürfen, Leistungen, die wir automatisch erbringen, wie zum Beispiel Gehen oder Stehen. Hier ist auch kein Einsatz geistiger Reserven nötig, diese Aktivitäten laufen »im Hintergrund«. Der Bereich B (physiologische Leistungsbereitschaft) umfasst die Leistungen, die mit willentlichem Antrieb ausgeführt werden, zum Beispiel die tägliche Berufsarbeit, Autowaschen oder Einkaufen. Rein physisch bewirken diese Tätigkeiten eine relativ geringe Ermüdung. Es sei denn, man ist nicht in der Lage, diese planbaren Tätigkeiten ohne Hektik und selbst produzierten Stress ablaufen zu lassen. Im Bereich C (gewöhnliche Einsatzreserve) be-

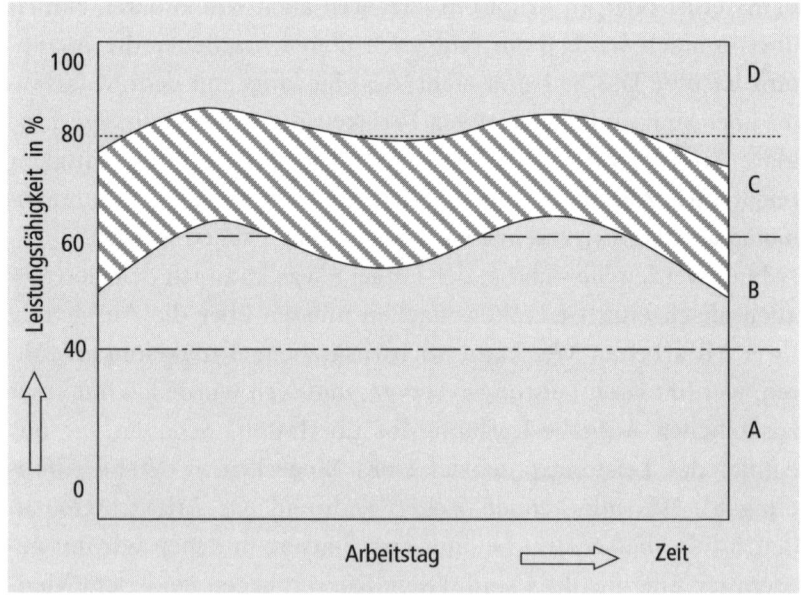

Abbildung 8:
Leistungspotenzial eines Menschen

finden sich die Einsatzreserven, die für kurze oder gelegentliche besondere Leistungen zur Verfügung stehen – Leistungen, wie sie bei der Berufsarbeit vereinzelt auftreten können, die aber zu relativ starker Ermüdung führen: Kistenschleppen beispielsweise oder Stresssituationen, wenn mehrere Dinge gleichzeitig auf einen einwirken. Der Bereich D (autonom geschützte Reserve) ist der Reservebereich, der auf normale Weise nicht willentlich aktiviert werden kann. Diesen Bereich nimmt der Körper in Notfällen in Anspruch, zum Beispiel im Affekt, in extremen Stresssituationen oder durch Einsatz medizinischer Hilfsmittel wie zum Beispiel Dopingpräparate. Die Leistungsbandbreite eines Menschen während eines Arbeitstages ist durch die schraffierte Fläche dargestellt. Innerhalb dieser Bandbreite hat jeder Mensch seinen persönlichen Spielraum, den er (aus)nutzen kann. Wie weit er ihn nutzt, ist seine freie Willensentscheidung. Der Unterschied zwischen minimalem Einsatz und maximal möglichem Einsatz beträgt etwa 20 Prozent, eine Tatsache, die jeder an sich selbst nachprüfen kann. Wenn eine Arbeit Spaß macht, man sich durch die Tätigkeit herausgefordert und bestätigt fühlt, dann bringt jeder von uns ganz einfach mehr Leistung – ohne dass jemand im Hintergrund »mit der Peitsche knallen« muss. Und ob ein Mitarbeiter pünktlich zum Dienstschluss »den Hammer fallen lässt« oder seine Arbeit noch zu Ende führt, zeigt, wie groß sein Interesse an seiner Arbeit ist. An seinem Verhalten lässt sich übrigens auch gleichzeitig die Führungsqualität seines Vorgesetzten messen.

Wenn Sie also diese »Schwankungsbandbreite« der Reserven eines Mitarbeiters dadurch aktivieren können, dass Sie ihm eine interessante und herausfordernde Aufgabe übertragen, dann haben Sie den Mitarbeiter nicht überfordert, sondern lediglich seine latent vorhandenen ungenutzten Reserven aktiviert. Sie kennen diese Situation selbst, wenn Sie Arbeiten ausführen, die Ihren persönlichen Ehrgeiz herausfordern. Geben Sie auch Ihren Mitarbeitern die Chance, dieses Gewinnergefühl zu erleben.

Abbildung 9 zeigt sehr anschaulich den Zusammenhang zwi-

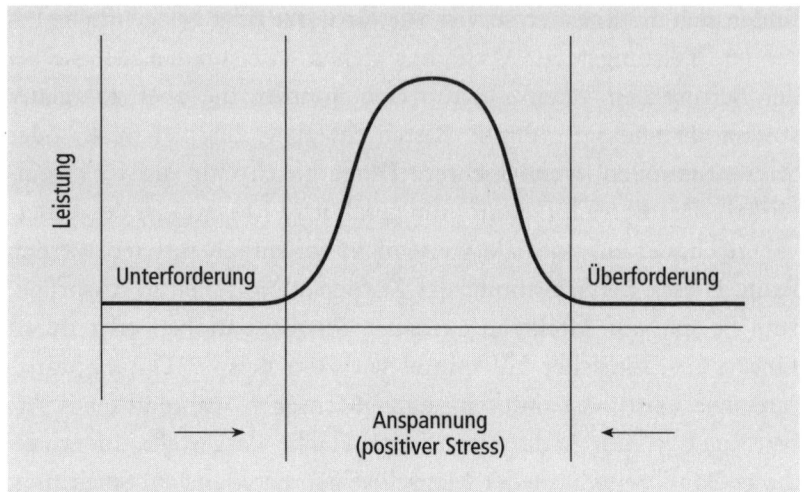

Abbildung 9:
Die richtige Anspannung

schen Leistung und Über- beziehungsweise Unterforderung. Das Geheimnis der optimalen Leistungserbringung ist die richtige Dosierung der Anspannung, der Bereich zwischen Unterforderung und Überforderung. Mitarbeiter, die unterfordert sind, werden nie die ihnen mögliche Leistung erbringen, eben weil niemand sie richtig fordert. Ebenso wenig wird ein Mitarbeiter, der überfordert ist, eine optimale Leistung bringen. Er wird kurz- bis mittelfristig unter Umständen sogar ganz ausfallen. So wie der Motor eines Formel-1-Geschosses bei zu geringer oder zu hoher Drehzahl dem Fahrer einen Boxenstopp aufzwingt, so sind Sie als Führungskraft gefordert: Sorgen Sie für die richtige Dosierung der Belastung – nicht zu viel und nicht zu wenig. Sorgen Sie für die richtige Spannung, so wie bei der Einstellung des Keilriemens an Ihrem PKW. Ist der Riemen zu locker gespannt, dann findet keine Kraftübertragung statt. Ist der Riemen allerdings zu fest gespannt, dann reißt er recht schnell.

Absender

Name / Vorname

Firma

Abteilung

Straße

PLZ / Ort

Wenn Sie regelmäßig unseren Newsletter erhalten möchten, nennen Sie uns hier bitte Ihre E-mail-Adresse.

Bitte freimachen falls Marke zur Hand

Campus Verlag GmbH
Kurfürstenstraße 49
D-60486 Frankfurt am Main

campus

liebe leserinnen und leser, gerne
informieren wir sie über unsere
neuerscheinungen. über welche
der folgenden programmbereiche
können wir ihnen prospekte
schicken?

- ○ sachbuch / politik / wirtschaft
- ○ beruf / karriere / leben
- ○ marketing / verkauf
- ○ führung / personal
- ○ management /
  unternehmensführung
- ○ hörbücher von campus

⇨ unser tipp:

Werner Küstenmacher
simplify your life
EUR 19,90

Ziele motivierend formulieren

Ein Ziel, das den Mitarbeiter motiviert, ist bedeutend leichter zu erreichen als eine nebulöse Andeutung oder Aussage, die beliebig interpretierbar ist. Mit einem Ziel, das begeistert, lässt sich auch in schwierigen Zeiten die Motivation der Mitarbeiter erhalten. Nun wird jeder Vorgesetzte, der seinem Mitarbeiter eine Arbeit überträgt, ein Ziel nennen. In der Regel wird es sich um ein zeitliches Ziel handeln: Bis zum nächsten Montag muss die Arbeit erledigt sein. Der Mitarbeiter führt seine Tätigkeit aus, und wenn es Probleme gibt, wird er bestimmt genügend Erklärungen und Entschuldigungen für das Nichterreichen zur Hand haben. Dieser Ablauf findet täglich in Unternehmen statt. Was genau ist aber hier passiert? Hat der Chef ihm eine Aufgabe delegiert, oder was hat hier stattgefunden? Wie geht das Delegieren eigentlich vor sich? Wie muss die Stabübergabe aussehen? Betrachten wir einmal die verschiedenen Möglichkeiten und Begriffe der Übergabe einer Aufgabe an einen Mitarbeiter.

- Da gibt es das einfache Abgeben (Pseudo-Delegieren) an einen anderen: »Mach mal, bis zum Termin X.«

- Die nächste Stufe des Abgebens ist das echte Delegieren: Sie benennen einen anderen als Stellvertreter und übergeben ihm gleichzeitig die Verantwortung für die Erfüllung der Aufgabe.

- Die dritte Stufe des Abgebens ist das so genannte Empowern (es gibt keine treffende deutsche Übersetzung für das Wort, am nächsten kommt noch der Begriff »bevollmächtigen«): Sie übertragen die Verantwortung für eine Aufgabe an einen anderen und geben ihm gleichzeitig alle (!) Entscheidungsbefugnisse. Das heißt, Sie betrachten die Aufgabe bereits als erledigt, der »Empowerte« ist voll verantwortlich, er handelt wie ein Unternehmer innerhalb des Unternehmens.

Zum Empowern muss aber die passende Unternehmenskultur vorhanden sein, eine Kultur, die man in unserem Wirtschaftsleben mit seinen traditionellen, immer noch hierarchisch geprägten Denkmodellen nur in ganz wenigen Ausnahmefällen antrifft. Empowerment ist sozusagen die Luxusversion des Delegierens. Vielleicht wird Ihr Unternehmen dank Ihrer Hilfe schon bald zu einem »empowerten« Betrieb. Auf dem Weg dorthin sind Sie aber zunächst damit beschäftigt, den Umgang mit dem Handwerkszeug des Delegierens auszuprobieren und einzuüben.

Anhand der folgenden Tabelle können Sie erkennen, was Sie in Ihrem Unternehmen an Unterstützung erwarten können, wo Ihr Unternehmen also heute steht.

Markieren Sie spontan einen Wert zwischen 1 und 5 auf der Bandbreite zwischen »Nie« und »Ständig«. Die Auswertung zeigt Ihnen, in welchem Umfeld Sie sich heute bewegen.

- Ein Gesamtwert von 44 bis 55 spricht dafür, dass sich Ihre Firma zurzeit noch sehr stark in gegenseitigen Schuldzuweisungen ergeht. Dieses Verhaltensmuster ist über die Jahre hinweg Teil der Unternehmenskultur geworden. Um dieses Verhältnis zu ändern, müssen erhebliche Kraftanstrengungen unternommen werden. Ihre Firma braucht viel Geduld und Zeit, um dabei wirklich erfolgreich zu sein.

- Ein Gesamtwert von 33 bis 43 spricht dafür, dass in Ihrem Unternehmen immer noch viel Zeit und Energie in gegenseitige Schuldzuweisungen investiert wird – Energie, die fehlt, um die Unternehmensziele und die Ziele der einzelnen Mitarbeiter zu erreichen. Es gibt zwar eine gewisse Eigenverantwortlichkeit, aber Sie werden sich sehr anstrengen müssen, um die Mitarbeiter zu einer positiveren Sicht der Dinge zu veranlassen.

- Ein Gesamtwert von 12 bis 32 spricht dafür, dass Ihre Firma schon eine recht ausgeprägte Kultur der Eigenverantwortlich-

Checkliste

Eigenverantwortlichkeit: Wo steht Ihr Unternehmen heute?

	Nie	Manchmal		Ständig
1. Wie oft erleben Sie, dass Ihre Kollegen anderen die Schuld geben, wenn etwas schief geht?	1	2	3	4 5
2. Haben Sie das Gefühl, dass Ihre Kollegen keine Verantwortung für das übernehmen, was sie tun und wie sie es tun?	1	2	3	4 5
3. Erleben Sie, dass Mitarbeiter Ihrer Firma nicht in der Lage sind, ihre Aktivitäten und das von ihnen Erreichte zu ihren langfristigen Zielen und den langfristigen Zielen der Firma in Beziehung zu setzen?	1	2	3	4 5
4. Erleben Sie, dass Mitarbeiter Ihrer Firma einmal eingeschlafene Aktivitäten »in Frieden ruhen« lassen, statt sie wiederzubeleben?	1	2	3	4 5
5. Scheinen die Mitarbeiter Ihrer Firma auf ein Wunder zu warten, das alle Probleme Ihrer Firma über Nacht löst?	1	2	3	4 5
6. Erleben Sie, dass Mitarbeiter Ihrer Firma sagen, die Situation sei außer Kontrolle geraten und es gebe nichts, was sie persönlich dagegen tun können?	1	2	3	4 5
7. Verwenden Mitarbeiter Ihrer Firma Zeit darauf, sich für den »Fall der Fälle« abzusichern?	1	2	3	4 5
8. Haben Sie den Eindruck, dass einige mehr damit beschäftigt sind, »etwas« zu tun, statt es richtig und mit nachweisbaren Ergebnissen zu tun?	1	2	3	4 5
9. Hören Sie, dass Kollegen sich für »nicht zuständig« erklären?	1	2	3	4 5
10. Haben Sie das Gefühl, dass Ihre Kollegen sich die Probleme ihrer Firma wenig zu Herzen nehmen?	1	2	3	4 5
11. Erleben Sie, dass Ihre Kollegen sich scheuen, Risiken einzugehen, weil sie befürchten, »bestraft« zu werden, wenn sie einen Fehler machen?	1	2	3	4 5

keit hat und sich auf die Lösung von Problemen konzentriert. Das können Sie durch positives Feedback und weitere Delegation von Verantwortung noch fördern und somit schneller und direkter Ihre Ziele erreichen.

- Ein Wert von 0 bis 11 spricht dafür, dass Ihre Mitarbeiter und Kollegen voll hinter dem Konzept der Eigenverantwortlichkeit stehen. Ihre Abteilung wird herausragende Resultate erzielen, so lange sie den derzeitigen Weg konsequent weitergeht.

Nach dem Blick auf das Unternehmen schauen wir uns einmal an, mit welchen Mitarbeitern Sie zusammenarbeiten. Welches Personal und welche Philosophie können Sie erwarten?

Checkliste

Ein »typischer« Mitarbeiter:	Ein eigenverantwortlicher Mitarbeiter:
Akzeptiert Aufgaben	Sucht Herausforderung
Wartet auf Anweisungen	Wird von sich aus aktiv
Verschwendet sorglos Zeit und Geld	Spart »routinemäßig« Zeit und Geld
»Übersieht« Probleme	Genießt es, Probleme zu lösen
Zeigt mit dem Finger auf andere	Sucht Lösungen
Sagt: »So haben wir es schon immer gemacht!«	Fragt: »Wie können wir es besser machen?«
Leistet Dienst nach Vorschrift	Fragt sich: »Wo kann ich sonst noch zu einem besseren Gesamtergebnis beitragen?«
Wartet, bis Entscheidungen für seinen Arbeitsplatz gefällt wurden	Prüft Optionen und macht Vorschläge

Ihr Erfolg hängt direkt von dem Erfolg der Menschen ab, die mit Ihnen zusammenarbeiten.

Wenn die meisten Ihrer Mitarbeiter in der Rubrik »Typischer Mitarbeiter« angesiedelt sind, dann sollten Sie das Delegieren behutsam angehen und die Personen Schritt für Schritt mit den neuen Anforderungen vertraut machen. Stellen Sie Erfolge beim Delegieren als Ansporn für das gesamte Team dar, zeigen Sie, dass alle von dem neuen Stil in der Abteilung profitieren. Für Sie ganz wichtig dabei: Ihr Erfolg hängt direkt von dem Erfolg der Menschen ab, die mit Ihnen zusammenarbeiten.

Stellen Sie anhand der Checkliste fest, dass Sie es hauptsächlich mit eigenverantwortlichen Mitarbeitern zu tun haben, dann herzlichen Glückwunsch – legen Sie los, delegieren Sie.

Wir sprachen bereits über die Wichtigkeit der offenen Informationen und des Informationsaustausches. Dazu gehört, dass Ihre Mitarbeiter über die Zusammenhänge im Unternehmen ausreichend informiert werden. Nur wenn übergeordnete Ziele bekannt und erkannt sind, kann ein Mitarbeiter die Bedeutung seiner Arbeit und die Tragweite seiner Entscheidungen erkennen. Nur wenn er weiß, in welche Richtung nicht nur seine Abteilung, sondern das Gesamtunternehmen steuert, kann er auch eigene Ideen in der richtigen Richtung entwickeln und sein Know-how zielgerichtet dem Unternehmen zur Verfügung stellen. Vor allem kann er dann erkennen, wo sich die »waterline«, die Wasserlinie, befindet. Bei dieser recht erfolgreichen und plastischen Betrachtung der Zusammenarbeit (der Begriff stammt aus den Leitlinien der Firma Gore, ein Unternehmen, das für seine bahnbrechende und erfolgreiche Art der Personalführung als mustergültig bekannt ist) geht man davon aus, dass alle im selben Boot sitzen. Sie haben Recht, wenn Sie jetzt sagen, dass dieser Vergleich schon zu oft missbräuchlich benutzt wurde, um noch glaubhaft zu erscheinen. Aber das Waterline-Prinzip geht einen Schritt weiter: Fehler kommen überall vor, wo gearbeitet wird. Ein Loch in der Bordwand hat keine gravierenden Auswirkungen auf das gemeinsame Boot – solange sich das Loch oberhalb der Wasserlinie befindet. Zum Experimentieren innerhalb eines Unternehmens gehört auch, dass Fehler gemacht werden, dass – um bei dem Beispiel zu bleiben – Löcher in die Bordwand gebohrt werden. Entsteht jedoch das Loch unterhalb der Wasserlinie, dann ist jeder aufgefordert, die Alarmglocke zu läuten und sich sofort mit dem Abdichten zu beschäftigen. Das setzt allerdings voraus, dass jeder weiß, wo sich derzeit die Wasserlinie befindet, er muss also über den aktuellen Gesamtzustand des Bootes informiert sein. Und er darf keine Bestrafung befürchten, weil er um Hilfe gerufen hat. In vielen Unternehmen wird zwar das einströmende Wasser von vielen bemerkt, es traut sich aber aus Angst vor der »Kompetenzüberschreitung« (nur der Kapitän darf um Hilfe rufen) niemand, seine Bedenken zu äußern. Der Blick geht nur noch in Richtung Rettungsboot, mit dem Schiff will man nichts mehr zu tun haben.

Wie kann man den Mitarbeitern den Überblick über die Situation ermöglichen? Ein Hilfsmittel, das heute in immer mehr Unternehmen zum Einsatz kommt, kann Ihnen und Ihren Mitarbeitern diese Aufgabe wesentlich erleichtern: die Balanced Scorecard. Mit diesem Hilfsmittel (auf Deutsch: »ausgewogener Berichtsbogen«) werden die vier für jedes Unternehmen wichtigen »Dimensionen« dargestellt. Man spricht hier von der Finanzdimension, der Kundendimension, der Prozessdimension und der Wissensdimension. Wenn diese Daten und Zusammenhänge für die Mitarbeiter transparent werden, dann lässt sich die Zielsetzung des Unternehmens bis auf den einzelnen Arbeitsplatz hinunter leicht nachvollziehen. Ein solcher Berichtsbogen könnte wie folgt aussehen:

- Finanzdimension:

  - Marktführerschaft innerhalb von fünf Jahren erreichen
  - Eigenkapitalrendite von mindestens 30 Prozent erwirtschaften
  - Produktivität je Konto um zwölf Prozent gegenüber dem Vorjahr steigern
  - Cash-Flow innerhalb von fünf Jahren verdoppeln
  - Kostenbewusstsein bei allen Mitarbeitern wecken (als Messgröße könnte zum Beispiel die Einhaltung der Kostenstellen-Planzahlen gelten)

- Kundendimension:

  - Kundendeckungsbeitrag jährlich um fünf Prozent verbessern
  - Kundenzufriedenheit um jährlich zwölf Prozent steigern
  - Anteil der Neukunden von acht Prozent auf zwölf Prozent jährlich steigern
  - Anteil der Stammkunden innerhalb von drei Jahren auf 60 Prozent erhöhen

- Prozessdimension:

  - Entwicklungszeiträume um zehn Prozent verkürzen
  - Durchlaufzeiten in der Produktion um zehn Prozent verringern
  - Bereitstellungszeiten um drei Stunden verkürzen
  - Kreditentscheidungen um 15 Prozent schneller treffen
  - Qualität verbessern (Anteil fehlerfreier Produkte um 25 Prozent erhöhen)

- Wissensdimension:

  - Anzahl der jährlichen Verbesserungsvorschläge um drei pro Mitarbeiter steigern

- Mitarbeiterfluktuation um sechs Prozent verringern
- Anteil neuer Produkte am Absatz um acht Prozent erhöhen
- Mitarbeiterqualifikation verbessern (pro Mitarbeiter und Jahr eine zusätzliche spezifische Fortbildung)
- Mitarbeiterzufriedenheit von 70 auf 80 Prozent innerhalb von drei Jahren steigern

> **N**ur wenn allen die Ziele klar sind, kann erwartet werden, dass alle am selben Strang ziehen.

An diesem Beispiel sehen Sie, welche strategischen Zielformulierungen in einem solchen Papier stehen können. Wenn nun jeder Ihrer Mitarbeiter über diese Ziele des Unternehmens informiert ist, dann fällt es Ihnen als Führungskraft bedeutend leichter, Aufgaben an Mitarbeiter zu delegieren, auch wenn es sich um vielleicht weniger angenehme Tätigkeiten handelt. Untersuchungen zeigen immer wieder, dass Mitarbeiter mehr wissen wollen über das, was im Unternehmen passiert und was für die Zukunft geplant ist. Sie haben vielleicht schon häufiger den Satz gehört: »Uns sagt ja keiner etwas«, oder »Wir erfahren alles erst am Schluss.« Lassen Sie es nicht so weit kommen: Nur wenn allen die Ziele klar sind, kann erwartet werden, dass alle am selben Strang ziehen. Es versteht sich eigentlich von selbst, dass die Ziele – wenn auch mit Anstrengungen – erreichbar sein müssen. Sonst werden die Ziele so wenig ernst genommen wie vor Jahren die lauthals verkündeten »Wunschziele« bei Parteitagen im Ostblock.

Gärtner oder Bildhauer? Ihre Verantwortung gegenüber Ihren Mitarbeitern

Dieser Punkt spielt eine entscheidende Rolle für Ihren Erfolg als »Delegator«. Was bedeutet der Vergleich zwischen Gärtner und Bildhauer? Beim Delegieren haben Sie Ihr Ziel vor Augen. Sie wissen, was Sie von den Mitarbeitern erwarten, und Sie wissen auch, wie Sie die Aufgabe ausführen würden. Die Art und Weise, wie ein anderer Mensch eine Tätigkeit durchführt, unterscheidet sich wahrscheinlich von Ihrer Arbeitsweise. Ihre Arbeitsweise finden Sie persönlich gut und richtig, denn sonst hätten Sie Ihren Stil bestimmt bereits optimiert oder geändert. Wenn Sie nun eine Aufgabe delegieren, dann bedeutet das gleichzeitig, dass Sie den Weg der Zielerreichung Ihren Mitarbeitern überlassen müssen, so sehr sich vielleicht auch Ihr Inneres gegen diese Einstellung sträubt. Natürlich ist es gut gemeint von Ihnen, wenn Sie einer anderen Person gute Ratschläge geben, wie etwas zu tun ist. Schließlich wollen Sie nur das Beste. Sie möchten verhindern, dass dem anderen dieselben Fehler passieren, die Ihnen bereits in der Vergangenheit widerfuhren. Und deshalb möchten Sie ihm den Weg genau vorschreiben, auf dem er Ihrer Meinung nach am besten ans Ziel kommt. Gut gemeint. Aber wie Brecht schon sagte: »Das Gegenteil von gut ist nicht schlecht, sondern ›gut gemeint‹.« Aber genauso, wie es mehrere Möglichkeiten gibt, zu einem Urlaubsziel zu gelangen, genauso gibt es mehrere Möglichkeiten, ein Unternehmensziel zu erreichen. Das Ziel ist das Entscheidende, nicht der Weg dahin. Deshalb vermeiden Sie bitte kabarettreife Sätze wie: »Sie können es machen, wie Sie wollen, aber so bitte nicht.« Denken Sie immer daran: Sie werden dafür bezahlt, Ziele zu erreichen, und nicht dafür, den Weg vorzuschreiben. Sehen Sie sich im Verhältnis zu Ihren Mitarbeitern als Weiterentwickler, der an die Zukunft denkt und deshalb Wert darauf legt, dass seine Mitarbeiter sich permanent verbessern und weiterentwickeln. Sie sind in der Rolle eines Gärtners, der für die optimalen Wachstumsbedingungen seiner anvertrauten Pflanzen sorgt. Begeben Sie sich nicht in die Rolle des Bildhauers, der nur unveränderbare, »versteinerte« Figuren um sich versammelt, Mitarbeiter, die nach seinem Vorbild geschaffen wurden.

> **S**ie werden dafür bezahlt, Ziele zu erreichen, und nicht dafür, den Weg vorzuschreiben.

Hier sind Sie als Führungskraft richtig gefordert, denn bestimmt nicht jeder Ihrer Mitarbeiter entspricht Ihrem Idealbild. Ihnen geht es nun wie dem Lehrer in einer Klasse, der nicht nur Einser-Schüler unterrichtet, sondern eine Palette von unterschiedlichen Talenten und Lebensphilosophien durch das Schuljahr führen muss. Ein großer Fehler wäre es deshalb, Arbeiten an alle Mitarbeiter Ihrer Abteilung gleichmäßig zu delegieren und alle gleich zu behandeln. Die besonderen Fähigkeiten und Neigungen des Einzelnen sollten Sie berücksichtigen. Um bei unserem Gärtnerbild zu bleiben: Sie müssen wissen, wie sich die Pflanze am besten entwickeln kann, welches Motivationsbedürfnis in jedem Ihrer Mitarbeiter vorhanden ist. Geben Sie jedem die Chance, sich entsprechend seiner Anlagen weiterentwickeln zu können. Finden Sie heraus, was den Mitarbeiter am ehesten motivieren könnte.

Es gibt unterschiedliche Motivationslagen:

- Die Statusmotivation: Der Mitarbeiter sucht Ansehen im Beruf oder in der Gesellschaft, er liebt nach außen sichtbare Symbole.
- Die Zahlenmotivation: Er hat Freude an einer Steigerung seiner Geschäfts- oder Verkaufszahlen.
- Die Karrieremotivation: Er möchte beruflich aufsteigen, Karriere machen.
- Die Wettbewerbsmotivation: Er möchte seine eigenen Leistungen mit anderen messen.

- Die Veränderungsmotivation: Er möchte etwas bewegen, will Dinge verändern.

- Die Einflussmotivation: Er möchte Einfluss auf andere Menschen nehmen.

- Die Kontaktmotivation: Er will Kontakte knüpfen, weil er problemlos auf Leute zugehen kann.

- Die Hilfsmotivation: Er möchte das Gefühl erleben, gebraucht zu werden, helfen zu können.

- Die materielle Motivation: Er will sich einen hohen Lebensstil erlauben können.

- Die Entwicklungsmotivation: Er möchte sich selbst als Persönlichkeit weiterentwickeln.

- Die extrinsische Motivation: Er sucht Anerkennung und Feedback seiner Vorgesetzten und Kollegen.

- Die Trouble-Shooter-Motivation: Er will auch unter schwierigen Umständen Probleme lösen.

Sie sehen, es gibt eine Fülle unterschiedlicher Bedürfnisse, die alle darauf warten, mit dem entsprechenden Anreiz zum Motivationsfaktor zu werden.

Nun wird nicht bei jedem Ihrer Mitarbeiter die Bereitschaft, Verantwortung zu übernehmen, gleichmäßig ausgeprägt sein. Es gibt Menschen, die leben still und glücklich vor sich hin und fühlen sich absolut unwohl, wenn Neues auf sie zukommt. Aber ist das nicht eine echte Herausforderung für Sie, einem solchen »scheuen Reh« aufzuzeigen, welche Möglichkeiten in ihm oder ihr noch schlummern? Bei solchen Mitarbeitern ist allerdings behutsameres Vorgehen unbedingt erforderlich. Die Gefahr der spontanen Überforderung ist hier recht groß. Entwickelt sich der Mitarbeiter allerdings unter Ihrer Führung Schritt für Schritt weiter, dann werden Sie anschließend einen dankbaren Mitarbeiter finden, der sich Ihnen verpflichtet fühlt. »Mein Chef hat mir mehr zugetraut als ich mir selbst. Ohne ihn wäre ich heute nicht dort angelangt, wo ich jetzt stehe.« Das sind die Sätze, die »erweckte« Mitarbeiter über ihre Chefs sagen.

Kapitel 4

Delegieren – der Mut zum Risiko?

Kapitelüberblick

Die richtige Einstellung finden

Situationsanalyse durchführen

Risiken bewerten und minimieren

Die Perfektionsfalle

Delegieren an Frauen, Delegieren an Männer

Die richtige Einstellung finden

Sie stehen kurz vor der »Amtsübernahme« oder Sie sind bereits Abteilungsleiter, Führungskraft, Manager. Managen heißt: »Doing things through others«, also nicht selber machen. Daraus ergibt sich, dass ein Manager kein Macher ist im Sinne von Selbermachen, sondern jemand, der andere machen lässt. Sie kennen den Satz bereits: Wer führt, führt nicht durch – und wer durchführt, führt nicht. Genau das ist das Dilemma einer neuen Führungskraft: die Trennlinie zu finden zwischen dem, was man tut, und dem, was man lässt, weil man es andere tun lässt. Es ist ein besonders großes Problem für Fachkräfte, die zur Führungskraft ernannt wurden und sich im emotionalen Zwiespalt befinden zwischen Behalten und Abgeben. So soll es tatsächlich EDV-Leiter geben, die noch selbst programmieren, weil es ihnen so viel Spaß macht. Spätestens dann, wenn Ihr »Zu bearbeiten«-Stapel Ähnlichkeit mit dem schiefen Turm von Pisa aufweist, sollten Sie sich ernsthaft mit dem Gedanken des Abgebens anfreunden.

> **W**er führt, führt nicht durch – und wer durchführt, führt nicht.

Es gibt in Ihrer Abteilung viel zu tun, also fangen Sie an – abzugeben. Trennen Sie sich von lieb gewonnenen Tätigkeiten. Aber bitte delegieren Sie nicht nur die Dinge, die Ihnen persönlich unangenehm erscheinen. Und vor allem: Delegieren Sie nicht erst »fünf vor zwölf«, nämlich dann, wenn es pressiert, sondern so rechtzeitig, dass auf beiden Seiten kein unnötiger Zeitdruck entsteht. Mitten im Orkan kann man niemandem die Navigation beibringen. Unter Zeitdruck und Stress lässt sich Delegieren nicht einüben.

Wenn Sie sich in einem pietistisch geprägten Arbeitsumfeld bewegen, in dem Fleiß als eine Haupttugend irdischen Lebens gesehen wird, dann wird das Delegieren unter Umständen als mangelnde Leistungsbereitschaft oder schlicht als Faulheit betrachtet. Oft wird sogar erwartet, dass mehr geleistet wird als gefordert – als Zeichen besonderen Fleißes. Und in Zeugnissen wird der Satz »Er konnte gut delegieren« eher als Negativmerkmal bewertet. Vielleicht müssen Sie am Anfang des Delegierens Sätze hören wie: »Sie scheinen ja nicht besonders viel zu tun zu haben, wenn Sie jeden Tag rechtzeitig nach Hause gehen können.« Lassen Sie sich von den sichtbar »Fleißigen« nicht davon abbringen, zu delegieren, was delegierbar ist. Machen Sie sich nicht zum Märtyrer. Ihr Motto heißt jetzt: »Work smarter, not harder.«

Vielleicht haben Sie auf Tagungen und Seminaren auch schon jene bemitleidenswerten Macher erlebt, die in jeder Pause ans Telefon gerufen werden. Der aus dem Fußball bekannte scherzhaft gemeinte Satz »Schiedsrichter ans Telefon« erfährt hier eine traurige Bestätigung. Weil niemand während der Abwesenheit des Unersetzbaren Entscheidungen treffen kann, muss er als »Schiedsrichter« permanent verfügbar sein. Welch ein trauriges Berufsleben! Vor allem in vielen kleinen Unternehmen rächt es sich eines Tages bitter, dass Chefs sich nicht von der Arbeit trennen können, nämlich dann, wenn etwas Unvorhergesehenes passiert wie Krankheit oder ein Unfall. Keiner weiß dann Bescheid, keiner kennt sich aus, keiner hat die Chance erhalten, sich in das Aufgabengebiet des Chefs einzuarbeiten, der Betrieb dümpelt dann vor sich hin oder steht ganz still. Dann bewahrheitet sich schmerzhaft die sich selbst

Abbildung 10:
Klassische Engpasssituation

erfüllende Prophezeiung des Chefs: »Meinen Job kann hier keiner machen.«

Um solche Situationen zu verhindern, müssen Sie abgeben können. Denn als Führungskraft haben Sie einfach zu viel zu tun. Eine schöne Definition lautet: Was ist ein Chef? Ein Chef ist jemand, der so viel Arbeit hat, dass er sie nicht alleine schafft. Deshalb braucht er Mitarbeiter, um seine Arbeit erledigen zu können. Sie sind nun für die Erfüllung einer Aufgabe, für die Erreichung eines Ziels, verantwortlich. Sie arbeiten zügig, gut organisiert und effektiv. Trotzdem schaffen Sie es nicht, alle Aufgaben zeitgerecht zu erledigen. Sie stehen vor einer klassischen Engpasssituation, Ihnen fehlt die Kapazität, um alle Arbeiten zu erledigen (siehe Abbildung 10).

Dafür stellt Ihnen jetzt das Unternehmen Mitarbeiter, »Manpower«, zur Verfügung, es sind also genügend Hände vorhanden (siehe Abbildung 11).

Diese Hände werden von Köpfen gesteuert, den Köpfen Ihrer Mitarbeiter. Und an dieser Stelle beginnt jetzt Ihre Aufgabe: die Köpfe dieser Mitarbeiter so zu beeinflussen, dass alle Hände in

Abbildung 11:
Manpower als Unterstützung

dieselbe Richtung, auf dasselbe Ziel hin, arbeiten, und zwar jeder Kopf auf seine Art und Weise (siehe Abbildung 12).

Nur wenn es Ihnen gelingt, in den Köpfen ein gemeinsames Ziel entstehen zu lassen, nur dann können Sie sicher sein, Erfolg in Ihrem Job zu sichern.

Abbildung 12:
Gemeinsames Ziel vor Augen

Situationsanalyse durchführen

Bevor Sie Arbeit delegieren, ist eine gründliche Situationsanalyse durchzuführen. Über drei Punkte müssen Sie informiert sein:

- über sich selbst,
- über die zu delegierende Tätigkeit und
- über die Personen, an die Sie etwas delegieren wollen.

Fangen wir bei Ihnen an: Sind Sie delegationsfähig, das heißt, können Sie loslassen, abgeben? Haben Sie vielleicht ein zu hohes Idealbild von sich entwickelt oder sich von Ihrem Umfeld aufdrängen lassen? Betrachten Sie in der folgenden Abbildung jeden einzelnen Punkt selbstkritisch. Für jede Zeile, die Sie mit »Ja« beantworten, sollten Sie sich in Ruhe über die Gründe Gedanken machen und auf einem leeren Blatt notieren, warum Ihre Antwort so ausfiel. Haben Sie in Ihrer Vergangenheit vielleicht negative Beispiele erlebt? Welche anderen Gründe könnten vorliegen? Geben Sie sich nicht mit der ersten »Ausrede« zufrieden, sondern forschen Sie nach, finden Sie die tatsächlichen Gründe heraus.

Checkliste: Sind Sie »delegationsfähig«?		
Beantworten Sie die Fragen spontan – und notieren Sie auf einem separaten Blatt die Gründe für Ihre Meinung beziehungsweise Ihr Verhalten!	**Ja**	**Nein**
Haben Sie Angst davor, Arbeit abzugeben?		
Fühlen Sie sich überlastet?		
Haben Sie Vertrauen in Ihre Mitarbeiter?		
Haben Sie Angst davor, Verantwortung abzugeben?		
Sind Sie Perfektionist?		
Können Sie loslassen?		
Können Sie Fehler akzeptieren?		

Gehen wir noch etwas weiter in der Analyse. Stellen Sie sich solch einfache Fragen wie »Wofür werde ich eigentlich bezahlt?«, »Welche konkreten Ziele habe ich für welchen Zeitraum?«, »Was sind meine Kernkompetenzen?«, »Was kann ich besonders gut?«, »Was können andere besser als ich?«, »Was erwartet mein Chef von mir?« und »Was erwartet das Unternehmen von mir?«. Wenn Sie diese Fragen mit den entsprechenden Antworten in einer Mindmap-Darstellung visualisieren, dann fällt es Ihnen leichter, Arbeiten und Aktivitäten zu delegieren, denn die Zusammenhänge und die gegenseitigen Abhängigkeiten sind nicht nur für Sie, sondern auch für andere klarer zu erkennen.

Ein paar weitere Fragen, die Sie sich stellen sollten:

Warum muss diese Arbeit überhaupt erledigt werden? Wenn Sie keine überzeugende Antwort auf diese Frage finden, dann sollten Sie diese Tätigkeit ersatzlos wegfallen lassen. Viele Arbeiten haben sich »historisch« entwickelt und hatten vor Jahren durchaus eine Berechtigung. Bei genauer Betrachtung stellt man allerdings fest, dass sich die zwingende Notwendigkeit für die Aufgabe längst erledigt hat.

Warum muss diese Arbeit ausgerechnet jetzt erledigt werden? Wenn Sie auf diese Frage keine überzeugende Antwort finden, dann sollten Sie die Tätigkeit auf einen späteren Zeitpunkt verschieben. Auch hier wird durch Hinterfragen meist Entspannung in den Zeithaushalt einer Abteilung gebracht werden.

Warum muss diese Arbeit in dieser Form erledigt werden? Sie finden keine schlüssige Antwort darauf? Dann sollte die Tätigkeit rationalisiert, modifiziert oder vereinfacht werden.

Warum muss diese Arbeit gerade von mir erledigt werden? Wenn Ihnen hierzu keine schlüssige Antwort einfällt, dann kann die Antwort nur lauten: Delegieren. Sie werden bestimmt jemanden finden, der diese Arbeit erledigen kann – vielleicht sogar noch besser als Sie.

> Delegieren hat nichts mit dem Ausüben von Macht und dem Ausnutzen von Statussymbolen zu tun. Delegieren heißt, effizienter zu arbeiten, nichts weiter.

Vorsicht jedoch: Delegieren Sie nicht um des Delegierens willen. Wenn es einfacher, schneller und billiger ist, per Knopfdruck an Ihrem Telefon den gewünschten Gesprächspartner anzuwählen, dann wäre es ein schwerer Rückfall in graue Vorzeiten, wenn Sie Ihre Sekretärin anweisen würden, Ihnen das Gespräch zu vermitteln. Delegieren hat nichts mit dem Ausüben von Macht und dem Ausnutzen von Statussymbolen zu tun. Delegieren heißt, effizienter zu arbeiten, nichts weiter.

Delegieren kann auch heißen, eine Arbeit nach außerhalb zu delegieren, an andere Personen oder Firmen. Der Begriff Outsourcing bedeutet nichts anderes, als etwas nach außerhalb abzugeben, was andere besser oder billiger (meist beides zusammen) erledigen können.

In der nächsten Checkliste tragen Sie ein, welche Tätigkeiten Sie ganz oder zum Teil abgeben möchten, welche Arbeiten Ihrer Meinung nach nicht delegiert werden können – und warum. In der folgenden Tabelle können Sie Ihre eigene Entscheidung zum Thema Delegieren treffen. Wenn Sie diese Tabelle im Zwei-Monats-Abstand aktualisieren, dann werden Sie feststellen, dass man tatsächlich immer mehr abgeben kann. Und sie werden das Risiko beim Delegieren jedes Mal als geringer empfinden. Ganz wichtig ist die ehrliche Beantwortung der Frage in der vierten Spalte. Sie werden nämlich dabei feststellen, dass manche Hinderungsgründe eher emotional als rational begründet sind.

	Checkliste		
	Was kann ich ganz abgeben?	**Was kann ich zum Teil abgeben?**	**Was kann ich nicht abgeben?**	**Warum kann ich diese Tätigkeiten tatsächlich nicht abgeben?**
1)			
2)			
3)			
4)			
5)			

Beim Delegieren unterscheidet man drei Arten: Delegieren nach Aufgabe, nach Funktion oder nach Ziel.

1. Das Delegieren nach Aufgabe ist die bekannteste und häufigste Methode. Einem Mitarbeiter werden spezifische Aufgaben oder Unteraufgaben übertragen. Das kann zum Beispiel der Entwurf eines neuen Prospekts für ein Produkt oder eine Dienstleistung sein, das Überarbeiten oder Korrigieren eines Berichts oder die Vorbereitung eines Projekts, also eine klar umrissene Aufgabe.

2. Das Delegieren nach Funktion bedeutet, eine Gruppe von Aktivitäten abzugeben, die sich auf eine einzige, übergeordnete Funktion beziehen. Funktionen sind zum Beispiel die Bereiche Personal, Vertrieb, Entwicklung oder Finanzen. Der Delegierende hat die Verantwortung für diesen Bereich, für das Funktionieren des Bereichs, an einen Verantwortlichen delegiert. Dieser delegiert wegen der Komplexität der Aufgabe meist Teilaufgaben wiederum weiter.

3. *Das Delegieren nach Ziel heißt, alle Aktivitäten, die erforderlich sind, um ein vorgegebenes Ziel zu erreichen, an jemanden abzugeben.* Das kann zum Beispiel eine Umsatzsteigerung um zwölf Prozent sein, die Erschließung neuer Marktanteile, die Erhöhung der Produktivität oder die Senkung von Kosten in den Betriebsabläufen. Das Erreichen solcher Ziele wird ohne Delegieren an andere Fachabteilungen wohl kaum möglich sein.

Sie sehen also, dass es sehr viele Kombinationsmöglichkeiten des Delegierens gibt. Unterschiedliche Delegationsschritte greifen ineinander über, verzahnen sich zu einem »Delegationskunstwerk«. Nun werden Sie als Abteilungsleiter in der Regel nur »nach unten« delegieren können, also an Ihre direkten Mitarbeiter. Was aber würde geschehen, wenn Sie eine Aufgabe an Ihren Chef delegieren? Hierbei ist nicht das Zurückdelegieren einer an Sie delegierten Aufgabe gemeint, sondern das Übertragen einer Aufgabe, die zu Ihrem Verantwortungsbereich gehört, zurück an Ihren Chef. Wie würde er wohl reagieren? Vielleicht mit »Soll ich etwa jetzt für Sie arbeiten?« oder »Können Sie das etwa nicht«? Eine interessante Situation. Aber warum sollte Ihr Chef nicht etwas für Sie tun, was er vielleicht besser, schneller oder billiger erledigen könnte? Würde davon nicht das gesamte Unternehmen profitieren, wenn immer der optimale Weg zum Ziel gesucht wird?

Sie erkennen an diesem Beispiel, wie wichtig zwei Dinge für eine reibungslos funktionierende Organisation sind: erstens die Konzentration auf Aufgaben und nicht auf Positionen, und zweitens eine ungestörte Kommunikation. Dasselbe gilt auch, wenn Sie Arbeiten einer anderen Abteilung übertragen wollen, die Ihnen organisatorisch nicht unterstellt ist. Wobei in einem solchen Fall natürlich die Frage auftaucht, warum die Tätigkeit bei Ihnen angesiedelt ist und nicht von vornherein bei der anderen Abteilung. Bei der Analyse der zu delegierenden Tätigkeiten werden Sie häufiger auf Fragen stoßen wie: »Warum sollen wir das eigentlich machen, wäre diese Aufgabe nicht woanders sinnvoller aufgehoben?« Es ergeben sich beim Delegieren durch das Hinterfragen von Abläufen oft neue Ansätze für Verbesserungen und Änderungen der betrieblichen Abläufe.

Ein Sonderfall beim Delegieren ist das Delegieren an und über die Sekretärin. Sie haben Ihrer Mitarbeiterin einige Aufgaben aufgetragen mit dem Hinweis: »Lassen Sie sich von den richtigen Leuten dabei helfen.« Ihre Sekretärin hat allerdings keinerlei Weisungsbefugnis gegenüber ihren Kollegen und läuft vielleicht bei dem einen oder anderen Mitarbeiter, der sich selbst überlastet fühlt, Gefahr, abgewiesen zu werden. In einem offenen und angenehmen Arbeitsklima werden solche Dinge problemlos untereinander regelbar sein. Müssen Sie jedoch befürchten, dass Ihre Mitarbeiter noch nicht dieses »Normalniveau« der Kommunikation erreicht haben, dann haben Sie keine andere Wahl, als auf jeden Fall bei einem solchen Delegationsgespräch anwesend zu sein, um hilfreich eingreifen zu können und den Grund für die Umverteilung der Aufgaben plausibel zu erläutern. Dasselbe gilt natürlich auch, wenn Sie solche Aufgaben an einen Mitarbeiter abgeben, dem keine weiteren Mitarbeiter direkt unterstellt sind.

Obwohl eigentlich logisch und selbstverständlich, muss immer wieder an einen wichtigen Punkt erinnert werden. Egal, ob nach Ziel, Funktion oder Aufgabe delegiert wird: dem Beauftragten müssen alle erforderlichen Hilfsmittel und Ressourcen für die Erfüllung der Aufgabe zur Verfügung gestellt werden. Der »Delegationsempfänger« hat nicht nur das Recht, sondern im Interesse des gesamten Unternehmens auch die Pflicht, darauf zu bestehen, dass ihm alle erforderlichen Hilfen an die Hand gegeben werden. Aus dieser berechtigten Forderung heraus können sich interessante Diskussionen entwickeln, die aber vor Übernahme einer Tätigkeit geklärt werden müssen. In einer solchen Diskussion ist der »worst case« deutlich aufzuzeigen, der eintreten kann, wenn die erforderliche Unterstützung ausbleibt. Werden die notwendigen Ressourcen nicht zur Verfügung gestellt, dann ist die Aufgabe aufzuteilen oder zu reduzieren; ansonsten sollte man die Annahme der Aufgabe verweigern.

Aus betriebswirtschaftlichen Gründen ist es sinnvoll, eine Aufgabe immer an denjenigen zu delegieren, der unter den ausreichend qualifizierten und kompetenten Kollegen in der »finanziellen Rangordnung« am weitesten unten steht. Denn warum soll jemand in einer höheren Gehaltsstufe eine Arbeit erledigen, wenn diese Arbeit auch zu geringeren Kosten von anderen Personen durchgeführt werden kann? Und wenn es niemanden gibt, der zu diesen Konditionen zur Verfügung steht? Dann ist möglichst schnell jemand dahingehend auszubilden. Wie vereinbart sich aber diese Empfehlung mit dem Vorschlag, etwas an seinen (in der Regel teureren) Chef zu delegieren? Die Antwort ist einfach, sie besteht aus einer Kosten-Nutzen-Kalkulation: Wenn der Gesamtaufwand (Zeit mal Geld) bei der Erledigung durch den Chef geringer ist, dann ist diese Frage bereits beantwortet. Vielleicht besitzt Ihr Chef bessere Kontakte zu anderen Abteilungen, vielleicht kann er auf dem »kurzen Dienstweg« Dinge schneller bewegen als Sie. Wenn Sie ihm den Vorteil eines solchen Vorgehens richtig »verkaufen«, dann wird er sich Ihrem Wunsch wohl nicht verschließen können.

Was kann man alles delegieren? Alles – außer der Verantwortung. An dieser Stelle regt sich wahrscheinlich leiser Widerspruch. Sie fragen sich, wozu Ihre Anwesenheit am Arbeitsplatz eigentlich noch erforderlich ist, wenn alles auch ohne Sie läuft. Außerdem gibt es einige Aufgaben, die Sie auf gar keinen Fall delegieren können. Sie haben natürlich Recht. Denn nur Sie können wissen und entscheiden, was Sie abgeben können (und wollen). Firmen sind unterschiedlich, Strukturen sind unterschiedlich, Aufgaben sind unterschiedlich, Positionen sind unterschiedlich, Konstellationen sind unterschiedlich – kurz, es kann hier keine »goldene Regel« für alle Branchen und Aufgabenbereiche geben.

Egal, was Sie heute tun und wo Sie es tun, die folgenden vier Punkte können immer delegiert werden:

- Routinearbeiten,
- Detailfragen,
- die Arbeit von Spezialisten und
- vorbereitende Arbeiten, die als Basis für weitere Aktivitäten dienen, wie zum Beispiel das Zusammenstellen von Daten oder das Skizzieren von Entwürfen.

So kann zum Beispiel in einer Anwaltskanzlei alles an Routineaufgaben delegiert werden. Terminvereinbarung mit Mandanten, Informationen an Mandanten, Routineschriftsätze und mit Textbausteinen vorgegebene Briefe müssen nicht von einem viel höher qualifizierten, teuer ausgebildeten Rechtsanwalt erledigt werden. Es ist jedoch bei jeder Tätigkeit zu prüfen, wie hoch der Risikoanteil beim Delegieren liegt, wenn es sich zum Beispiel um streng vertrauliche Angelegenheiten handelt, um einen Mandanten mit extrem hoher politischer oder wirtschaftlicher Bedeutung oder um Sonderfälle von besonderer juristischer Brisanz. Wenn solche »heißen« Themen delegiert werden, dann muss erstens volles Vertrauen in die Integrität und Verschwiegenheit des mit der Aufgabe beauftragten Mitarbeiters herrschen, und dem Mitarbeiter müssen alle Konsequenzen einer möglichen Verletzung seiner Pflichten deutlich vor Augen sein.

Was Sie ebenfalls delegieren sollten:

- Tätigkeiten, die nicht von Ihren persönlichen Stärken abgedeckt werden;
- Tätigkeiten, die nicht mit Ihren Kernaufgaben übereinstimmen;
- Tätigkeiten, für die es Spezialisten gibt;
- Tätigkeiten, die nicht mehr Ihrem heutigen Niveau entsprechen.

Besonders beim letzten Punkt ist eine regelmäßige Prüfung empfehlenswert, denn Sie entwickeln sich täglich weiter, unmerklich zwar, aber unvermeidbar. Deshalb ist eine Eigenanalyse wichtig, die Ihnen in sinnvollen Abständen verdeutlicht, aus welchen »Schuhen« Sie »herausgewachsen« sind, wo Sie messbare Fortschritte erzielt haben. Arbeiten Sie nicht unter Ihrem derzeitigen Limit. Betrachten Sie regelmäßig Ihre Stärken und Schwächen aufs Neue, sonst erkennen Sie nicht die Fortschritte in Ihrer Weiterentwicklung. Wenn Sie im Unternehmen keinen Mentor finden, dann lassen Sie sich bei der Eigenanalyse von jemandem unterstützen, der Ihren Weg und Ihre Entwicklung über einen längeren Zeitraum verfolgen konnte.

Nun wird es immer wieder Situationen geben, in denen Sie zögern, mit einer Arbeit zu beginnen, geschweige denn die Arbeit zu delegieren. Man schiebt die Entscheidung vor sich her, wohl wissend, dass sich nicht alle Probleme durch Liegenlassen erledigen. Schauen wir uns einmal die typischen Situationen an, die uns immer wieder im Arbeitsalltag begegnen:

- Es handelt sich um eine Aufgabe, die Sie überhaupt nicht mögen, was auch immer die Gründe dafür sind. Hier sollten Sie, wenn möglich, die Arbeit schnell delegieren. Vorsicht: Es darf nicht der Eindruck bei den Mitarbeitern entstehen, dass Sie alle für Sie unangenehmen Arbeiten abgeben.

- Es geht um eine Aufgabe, deren Komplexität für Sie unüberwindlich erscheint. Zerlegen Sie die Arbeit in kleine Schritte oder Phasen, und delegieren Sie sinnvoll zusammenhängende Einzelschritte.

- Sie wissen nicht, wie Sie eine Aufgabe anpacken sollen. Legen Sie einzelne Aktionsschritte fest, definieren Sie die Reihenfolge und delegieren Sie einzelne Schritte.

- Sie wissen nicht, wo Sie anfangen sollen. Beginnen Sie einfach an irgendeiner Stelle, gehen Sie von irgendeiner Annahme aus und prüfen Sie, ob es funktioniert. Ist der Ansatz falsch, versuchen Sie weitere, bis Sie das Gefühl haben, es könnte klappen. Geben Sie einzelne Schritte ab.

- Eine Aufgabe erfordert intensive Kontrollen. Legen Sie sinnvolle Kontrollpunkte fest, die es Ihnen erlauben, in logischen Abschnitten zu kontrollieren. Delegieren Sie überschaubare Abschnitte.

- Die Aufgabe erfordert zu viel Perfektion. Prüfen Sie kritisch, ob der Nutzen den zu erwartenden Aufwand rechtfertigt. Analysieren Sie, an welchem Punkt der erzielte Nutzen aufhört, sich direkt proportional zum investierten Aufwand zu verhalten. Prüfen Sie, ob es einen einfacheren und weniger anspruchsvollen Weg gibt, die Arbeit zu erledigen. Finden Sie kritische und weniger kritische Stellen heraus. Delegieren Sie einzelne Abschnitte.

Um eine Aufgabe zu erledigen, gibt es verschiedene Arbeitsstile. Suchen Sie sich den für eine bestimmte Situation passenden Stil heraus, um sich so weit an ein Problem heranzuarbeiten, dass Sie einen Teil der Arbeit delegieren können.

Man beginnt »in der Mitte« einer Arbeit und arbeitet sich zum »Rand« vor. Picken Sie sich den schwierigsten, wichtigsten oder lukrativsten Bereich des Projektes heraus und beginnen Sie dort, oder beginnen Sie am »Rand« und arbeiten sich zur »Mitte« vor. Das erleichtert bei schwierigen Problemen den Einstieg dadurch, dass man sich erst mit einfacheren Teilbereichen beschäftigt und sich dann an das Problem richtig herantastet.

Aber schauen wir uns doch einmal die vielen Kleinigkeiten an, die so unbedeutend erscheinen, jedoch in der Summe eine ganze Menge Ihrer wertvollen Arbeitszeit blockieren können. Das geht los bei der eingehenden Post, die jemand für Sie bereits öffnen und sortieren könnte. Dazu gehört auch das Vorfiltern und Wegwerfen von unbedeutenden oder uninteressanten Informationen. Das Beantworten von Routineanfragen und der Entwurf von Antwortbriefen sollte ebenfalls nicht mehr zu Ihren Aufgaben gehören. Wenn es Menschen in Ihrer Umgebung gibt, die im Unterschied zu Ihnen mit ihren zehn Fingern virtuos mit einer Tastatur umgehen können, dann sollten Sie Schreibarbeiten delegieren. Ihre Stichwortnotizen müssen nicht von Ihnen in Briefe umgesetzt werden, auch das kann jemand aus Ihrem Mitarbeiterstab für Sie erledigen. Wenn Sie mit einer Zeit sparenden Spracherkennungssoftware arbeiten, dann werden Ihre Gedanken schneller und billiger direkt von Ihnen am PC umsetzbar sein. Eingehende Telefonate sollten weitgehend von Mitarbeitern beantwortet werden können. Die Pflege Ihres Terminkalenders können Sie auch jemand anderem überlassen. Die Vorbereitung und sogar die Moderation von Konferenzen müssen ebenfalls nicht zu Ihren Aufgaben gehören. Die Organisation von Reisen, Messebesuchen, das Beschaffen von Material und das Führen von Sitzungsprotokollen ist auch nicht unbedingt Ihre Kernaufgabe. Und wäre es nicht bequem und Zeit sparend, wenn jemand für Sie Zeitungen und Zeitschriften »vorlesen« und die für Sie wichtigen Artikel mit einem Farbstift markieren würde?

Protest? Sie wenden ein, dass ein anderer nicht so denkt wie Sie, nicht so formuliert wie Sie, nicht dieselben Entscheidungskriterien anlegt, dass ein anderer eben anders ist? Genau, Sie haben den Punkt getroffen: Jeder ist einmalig. Sehen Sie Ihren Einwand doch mal selbstkritisch: Auf der einen Seite möchten Sie entlastet werden, auf der andern Seite aber vermissen Sie Ihr geklontes Ebenbild. Nun, Sie müssen sich schon für eine Alternative entscheiden – abgeben oder behalten. Und wenn Sie noch niemanden in Ihrem Umfeld kennen, an den Sie delegieren können, dann wird es höchste Zeit, sich die entsprechenden Mitarbeiter heranzubilden, Mitarbeiter, die in Ihrem Sinn tätig werden können. Sie befürchten, dass das Risiko beim Delegieren größer ist als der eventuell erzielbare Nutzen? Schauen wir uns im nächsten Kapitel doch einmal die möglichen »Gefahrenquellen« ein wenig näher an.

Risiken bewerten und minimieren

Delegieren gilt bei manchen Menschen als eine Art Risikosport. So wie beim Fallschirmspringen das Sich-Trennen vom Flugzeug Bedingung ist für den Sprung oder beim Bungee-Jumping erst der entscheidende Schritt nach vorne den freien Fall auslöst, so muss auch beim Delegieren der erste Schritt das Loslassen, das Loslösen sein. (Anders jedoch als bei Risikosportarten können Sie beim Delegieren jederzeit noch eingreifen, noch stoppen.) Delegieren heißt Loslassen. Welches Risiko aber gehen Sie ein beim Loslassen? Was kann alles schief gehen? Um nicht mit selbstmörderischen Aktionen Ihre Karriere zu ruinieren, sollten Sie vor dem Abgeben, vor dem Delegieren, eine Risikoanalyse durchführen. So wie eine Versicherung das potenzielle Risiko eines Schadens analysiert, ihn aber im Fall des Eintretens auch nicht verhindern kann, so müssen Sie sich Gedanken machen über die maximalen Schäden, die in einem konkreten Fall beim Delegieren auftreten können.

Viele »Schäden« lassen sich beim Delegieren bereits im Vorfeld vermeiden, wenn die folgenden Punkte beachtet werden:

- Sorgen Sie dafür, dass alle nötigen Mittel für die Mitarbeiter zur Verfügung stehen. Sie vermeiden dadurch unnötige »Boxenstopps« auf dem Weg zum Ziel.

- Delegieren Sie nicht nur unbedeutende Aufgaben, sondern auch wichtige, verantwortungsvolle Tätigkeiten. Die Motivation Ihrer Mitarbeiter sinkt dramatisch, wenn Sie nur »Mickey-Mouse-Aufgaben« abgeben, also kleine, unbedeutende Tätigkeiten.

- Stellen Sie sicher, dass Ihre Mitarbeiter Sinn und Zweck sowie das Ziel der Aufgabe richtig verstanden haben. Nehmen Sie sich ausreichend Zeit, auch Ihre Mitarbeiter nicht nur über Details, sondern über den Gesamtkontext der Aufgabe zu informieren.

- Sie reduzieren Schnittstellenkonflikte, wenn jeder die Bedeutung seiner Tätigkeit im Rahmen der Gesamtaufgabe kennt.

- Stehen Sie für Hilfe und Unterstützung zur Verfügung, ansonsten lassen Sie den Mitarbeiter alleine auf seine Art und Weise arbeiten. Gewähren Sie erbetene Hilfe, mischen Sie sich aber ansonsten nicht mehr ein in das weitere Geschehen.

- Loben Sie den Mitarbeiter, wenn die Arbeit im vereinbarten Sinn ausgeführt wurde, ansonsten helfen Sie ihm dabei, es beim nächsten Mal besser zu machen.

- Delegieren Sie so oft wie möglich; nur so entsteht auf beiden Seiten die erforderliche Erfahrung. Die Übergabe und die Annahme von Verantwortung müssen ebenso regelmäßig geübt werden wie die Stabübergabe beim Staffellauf.

Der größte Risikofaktor im Leben ist der Mensch. Also sollten Sie genau an dieser Stelle bei Ihren Risikobetrachtungen beginnen. Bevor Sie etwas an einen Mitarbeiter delegieren, sollten Sie sich über dessen »Reifegrad« im Klaren sein. Um aus einem Betroffenen einen wirklich Beteiligten zu machen, sind einige Fragen zu stellen. Betrachten Sie den Mitarbeiter, den Sie für eine Arbeit vorgesehen haben, unter folgenden vier Aspekten:

1. *Der Mitarbeiter ist motiviert, und er kann die Arbeit ausführen.* Wunderbar, damit haben Sie den idealen Kandidaten zum Delegieren. Wenn Ihnen dann ein Blick in die Runde zeigt, dass es da aber noch andere Mitarbeiter gibt, an die Sie etwas delegieren könnten, dann hat sich Ihre Vorarbeit gelohnt.

2. *Der Mitarbeiter ist motiviert, ihm fehlen aber die Fähigkeiten, die Arbeit auszuführen.* Wo ein Wille ist, ist auch ein Weg. Das bedeutet: Sorgen Sie dafür, dass er sich möglichst schnell die notwendigen Fähigkeiten aneignet. Denken Sie aber bitte daran: Gut Ding will Weile haben. Ein Grashalm wächst auch nicht schneller, wenn Sie daran ziehen.

3. *Der Mitarbeiter ist nicht motiviert, er könnte aber die Arbeit ausführen.* Finden Sie heraus, was die Gründe für seine mangelnde Motivation sind, und sorgen Sie für die entsprechenden Anreize. Wecken Sie seinen Ehrgeiz, zeigen Sie ihm auf, welche Bedeutung diese Aufgabe für seine künftige Entwicklung haben könnte. Ist er Ihren Argumenten prinzipiell nicht zugänglich, dann zeigen Sie ihm auf, was Sie und das Unternehmen von ihm erwarten, und bestehen Sie darauf, dass er Ihre Erwartungen erfüllt – solange er in Ihrem Unternehmen auf der Gehaltsliste steht.

4. *Der Mitarbeiter ist nicht motiviert, und ihm fehlen die Fähigkeiten, die Arbeit auszuführen.* Hier stellt sich automatisch die Frage nach dem Stellenwert dieses Mitarbeiters für das Unternehmen. Worin besteht sein Beitrag zum Unternehmenserfolg? Finden Sie wie beim vorherigen Punkt heraus, wo seine Motivationsbremse liegt: »Kann er nicht« oder »Will er nicht«? Vielleicht »will« er nicht, weil er nicht »kann«? In diesem Fall sollten Sie dafür sorgen, dass er sich die notwendigen Fähigkeiten schnell aneignet.

Je mehr die Mitarbeiter über Ziele des Unternehmens wissen und sich mit diesen Zielen identifizieren können, desto weniger werden Sie es mit dem unter Punkt 4 genannten Mitarbeiter zu tun haben. Fehlende Motivation geht meist einher mit mangelhafter Firmenkultur, mit einem demotivierenden Betriebsklima und mit fehlender Kommunikation.

Sorgen Sie deshalb in Ihrem Bereich dafür, dass allen Mitarbei-

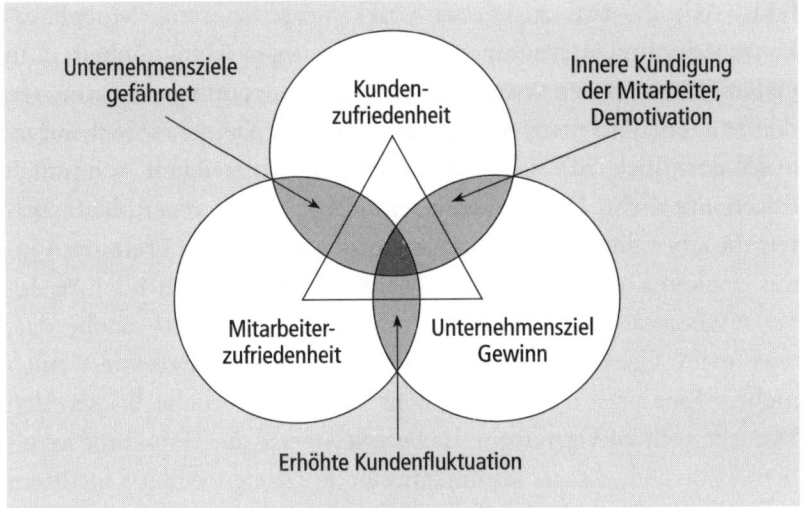

Abbildung 13:
Zusammenhang zwischen Mitarbeiter-/Kundenzufriedenheit
und Unternehmensziel

tern der Zusammenhang zwischen den drei Kreisen in Abbildung
13 deutlich wird: dem Unternehmensziel, der Mitarbeiterzufriedenheit und der Kundenzufriedenheit. Ideal wäre natürlich, wenn
alle drei Flächen deckungsgleich wären, sich also vollständig
überlappten. In der Praxis wird sich jedoch immer nur eine mehr
oder minder große Schnittmenge ergeben. Betrachten wir die Auswirkungen von Verschiebungen: Reduziert sich die Kundenzufriedenheit aus Gründen eines zu hohen Gewinns und übergroßer
Mitarbeiterzufriedenheit, dann besteht die Gefahr einer höheren
Kundenfluktuation. Wird die Mitarbeiterzufriedenheit vernachlässigt zugunsten einer überhöhten Kundenzufriedenheit in Verbindung mit einem überdurchschnittlichen Gewinn, dann findet
die »innere« und bald darauf die »äußere« Kündigung der Mitarbeiter statt, denn die Mitarbeiter fühlen sich überfordert oder gar
»verheizt«. Und werden Kundenzufriedenheit sowie Mitarbeiterzufriedenheit auf die Spitze getrieben, dann wird wahrscheinlich
der Geschäftszweck des Unternehmens, nämlich der Gewinn, ver-

fehlt. Mit diesem, zugegeben stark simplifizierten, Modell erkennt jeder im Unternehmen die gegenseitigen Abhängigkeiten. In vielen Unternehmen wurden allerdings diese einfachen Tatsachen den Mitarbeitern noch nie richtig vermittelt. Dementsprechend ist auch der Blick für die Zusammenhänge entwickelt – nämlich überhaupt nicht. Dieses Manko muss behoben werden. Mitarbeiter, die über den Tellerrand der eigenen Stellenbeschreibung hinaus denken können, fühlen sich eher verantwortlich für ihre Arbeitsergebnisse als Mitarbeiter mit der Denke: »Ich mache das, was mein Chef mir gesagt hat, alles andere interessiert mich nicht.« Eine effektive Möglichkeit, das erforderliche Wissen den Mitarbeitern zu vermitteln, ist beispielsweise die Teilnahme an einem Planspiel, das in komprimierter Form den Ablauf in Ihrem beruflichen Umfeld simuliert. Wenn Mitarbeiter dann die Rolle der Kollegen aus anderen Abteilungen simulieren und verstehen müssen, entsteht der notwendige »Blick über den Tellerrand«.

Beim Delegieren zeigt sich auch immer wieder der große Vorteil von Aufgabenbeschreibungen anstelle von Stellenbeschreibungen. Stellenbeschreibungen engen den Verantwortungsbereich eher ein, man grenzt sich leichter gegenüber anderen Abteilungen ab (Abteilung: Ich teile ab). Bei einer Aufgabenbeschreibung fallen die möglichen »Ausreden« der Mitarbeiter weg, denn es sind alle Tätigkeiten auszuführen, die zur Erfüllung der Aufgabe erforderlich sind.

Wenn Sie einem Mitarbeiter eine Aufgabe delegieren wollen, dann ist es sinnvoll, sich nicht nur über die fachliche Qualifikation der Person ein Bild zu machen. Je nach Komplexität und Zeitrahmen der Aufgabe können die folgenden Eigenschaften sogar unerlässlich für den Erfolg des Mitarbeiters ein:

- Kooperationsbereitschaft,
- Überzeugungskraft,
- Einfühlungsvermögen,

- sprachliche Fähigkeiten,
- analytisches Denken,
- Stressresistenz,
- Beharrlichkeit und Ausdauer,
- Kontaktbereitschaft,
- emotionale Stabilität,
- Aufgeschlossenheit,
- Kreativität,
- logisches Denken,
- Akzeptanz bei anderen,
- Cleverness.

Gerade bei Tätigkeiten, welche die Zusammenarbeit mit anderen Menschen erfordern, sind diese Soft Skills oft entscheidender als reines Faktenwissen. Wenn Sie die Chance erhalten, sich Ihr eigenes Team zusammenstellen zu können, sollten Sie Ihren Blick besonders auf die genannten Fähigkeiten und Eigenschaften legen, denn diese Merkmale sind nachträglich kaum erlernbar. Die Menschen in Ihrem Umfeld sind entscheidend für Ihren Erfolg. Schauen wir uns deshalb noch etwas genauer an, mit welchen unterschiedlichen Verhaltensmustern Sie konfrontiert sein könnten:

- *Der Skeptiker.* Er verhält sich Änderungen und Neuerungen gegenüber zurückhaltend bis abwertend. Er kann sich nicht vorstellen, dass Änderungen tatsächlich positive Auswirkungen haben könnten.

- *Der Ängstliche.* Er »rückversichert« sich am liebsten vor jeder Entscheidung und vor jeder Aktion.

- *Der Pessimist.* Er weiß ohnehin im Voraus, dass alles, was in der Vergangenheit noch nicht geklappt hat, auch in Zukunft nicht klappen wird.

- *Der Visionär.* Er sieht oft vor lauter Blick in die Ferne die Stolpersteine in nächster Nähe nicht.

- *Der Eigenbrötler.* Er arbeitet in seiner eigenen geistigen Welt vor sich hin und will am liebsten in Ruhe gelassen werden.

- *Der 150-Prozent-Typ.* Ihm reichen 100 Prozent Genauigkeit nicht aus, er will immer noch etwas verbessern.

- *Der »satte« Mitarbeiter.* Er ist mit seinem derzeitigen Zustand zufrieden und will nicht so recht einsehen, warum er etwas anderes tun soll als bisher.

- *Der »Frührentner«.* Er geht nur noch bis zum Tag X täglich zur Arbeit und möchte die restliche Zeit bis zur Pensionierung möglichst störungsfrei absolvieren.

Ihre Aufgabe als Führungskraft ist es, jedem »typgerecht« zu vermitteln, welche wichtige Rolle er im Delegationsspiel spielt, aus welchem Grund und mit welchem Ziel.

Zusätzlich müssen Sie mit einem derzeit spürbaren »Zeitgeist« rechnen, der Ihren Delegationsversuchen entgegenweht. Die Bereitschaft von Mitarbeitern, Neues, Ungewohntes, »Riskantes« zu übernehmen, ist stark gesunken. Die Anzahl der Misserfolgsvermeider, der »Angsthasen«, der Risikoscheuen nimmt spürbar zu. Verständlich, denn in Zeiten, in denen die Meldungen über Arbeitsplatzabbau überwiegen, versuchen Mitarbeiter aus Gründen des Selbstschutzes, jedes Arbeitsplatzrisiko auszuschließen. Wer immer tut, was er immer getan hat, lebt einfach risikofreier als derjenige, der etwas Neues anfängt – mit dem möglichen Risiko des Scheiterns. Ihre Aufgabe als Führungskraft ist es, jedem »typgerecht« zu vermitteln, welche wichtige Rolle er im Delegationsspiel spielt, aus welchem Grund und mit welchem Ziel. Vor allem darf bei den Mitarbeitern keine Angst vor negativen Konsequenzen für die eigene Sicherheit bei Fehlern entstehen, jeder muss angstfrei an Neues herangehen können und wollen. Nur wenn Ihre Überzeugungsarbeit tatsächlich überzeugend wirkt, werden Sie durch Delegieren erfolgreich sein.

Allerdings besteht die Gefahr, dass Sie selbst das größte Hindernis beim Delegieren sind, nämlich dann, wenn Sie zu perfekt sind. Davon handeln die folgenden Überlegungen.

Die Perfektionsfalle

Um der Perfektionsfalle zu entgehen, ist es empfehlenswert, sich eine gewisse Unschärfe im Blick und in der Beurteilung von Situationen anzutrainieren. Das Streben nach Perfektion ist eigentlich eine positive Eigenschaft. Nur wer sich hohe Ziele setzt, wird auch hohe Ziele erreichen. Jemand, der keine Ziele hat, wird immer für jemanden arbeiten, der Ziele hat. Zielerreichung aber hat nichts mit Perfektion zu tun. So gibt es Menschen, die nie mit ihrer Leistung zufrieden sind. Diese Einstellung ist im Grunde ein guter Antrieb, um immer neue Ziele zu erreichen. Wenn aber ein Ziel erreicht ist, dann sollte man sich das selbst lobend und anerkennend bestätigen – und genießen und feiern können. Es gibt aber Menschen, die sich an ihrem Erfolg nicht richtig freuen können, weil sie bei genauer Betrachtung des Erreichten feststellen, dass man bei diesem Detail noch etwas besser hätte arbeiten können, dass man an einer anderen Stelle noch ein paar Prozent mehr hätte erreichen können und überhaupt dass das Ganze immer noch nicht zu 100 Prozent zufrieden stellend sei. Nun gibt es Tätigkeiten, bei denen 100 Prozent Genauigkeit als Untergrenze betrachtet wird. Diese Messlatte sollte man aber nur dort anlegen, wo sie durch Gesetze oder Vorschriften zwingend eingehalten werden muss. In einem Kernkraftwerk oder bei einem chirurgischen Eingriff beispielsweise sind Präzision und Gründlichkeit unabdingbar. Wie aber sieht es bei anderen (Alltags-)Tätigkeiten aus? Wie kommt wohl ein Vortragender an, der an einer Präsentation so lange arbeitet, bis das allerletzte Detail noch in absoluter Perfektion geradegerückt wird – während das Publikum bereits auf den Beginn der Show wartet? Und wie schwierig ist es, mit Menschen zu arbeiten, die Unterlagen noch einmal ganz neu erstellen, weil die bestehenden nicht ihren extrem hohen Qualitätsanforderungen genügen? Hier wird nicht mehr »die Kirche im Dorf gelassen«. Kosten und Nutzen stehen in keinem vernünftigen Verhältnis mehr zueinander, wenn Perfektion und Akribie zum Selbstzweck werden.

Dieser Perfektionismus ist nicht nur eine böse Falle für die eigene Karriere, sondern auch ein Erfolgshindernis für alles, was an andere delegiert wird. In der Perfektionsfalle befinden sich Menschen, für die Pünktlichkeit gleichbedeutend ist mit dem Sekundentakt der Armbanduhr. Funkuhrgesteuert betritt der perfekte Mensch um 9:00 und null Sekunden den Konferenzraum. Wir reden hier nicht der mediterranen Betrachtungsweise von Pünktlichkeit das Wort. Aber man kann auch übertreiben. (Vielleicht sollte man den Begriff »Pünktlichkeit« ohnehin durch »Rechtzeitigkeit« ersetzen.) In der Perfektionsfalle befindet sich auch jemand, der beinahe zwanghaft alle bereits erledigten Tätigkeiten noch einmal überprüft oder sogar noch nacharbeitet. Ebenso der, der keine Fehler zugeben kann (und vielleicht aggressiv darauf reagiert, wenn ihm ein Fehler nachgewiesen wird). Gleiches gilt für den Zeitgenossen, der im Büro seine Kaffeetasse selbst spült – nicht weil er Unordnung in der Küche vermeiden möchte, sondern weil er anderen nicht dasselbe Reinlichkeitsempfinden zutraut. In der Perfektionsfalle steckt auch der, der von allen Vorgängen jeweils mehrere Kopien fertigt und sicherheitshalber an unterschiedlichen Stellen ablegt. Und in der Perfektionsfalle steckt auch der, der seine E-Mails Korrektur liest und anschließend von einem Rechtschreibprogramm noch einmal überprüfen lässt.

Daran erkennen Sie Perfektionisten:

- Perfektionisten sind mit sich selbst selten zufrieden, sie sind Meister der Selbstkritik.
- Perfektionisten hassen Improvisation.
- Perfektionisten vertrauen einem anderen nicht, denn ihm könnte ja ein Fehler unterlaufen.
- Perfektionisten zeigen wenig Toleranz für die Fehler anderer.
- Perfektionisten haben verlernt, sich richtig zu freuen.
- Perfektionisten setzen sich derart unter Druck, dass sie immer gestresst wirken – und es tatsächlich auch sind.
- Perfektionisten fehlt das Vertrauen in die Fähigkeiten ihrer Mitarbeiter.
- Perfektionisten haben Angst vor Kontrollverlust.
- Perfektionisten halten Perfektionismus für ihre Stärke.

Wenn Sie bei dem einen oder anderen Punkt Übereinstimmung mit Ihrem Verhalten festgestellt haben, dann sollten Sie noch etwas an sich arbeiten, bevor sie Arbeiten an andere delegieren.

Delegieren an Frauen, Delegieren an Männer

Eigentlich müsste das Kapitel heißen: Wenn Frauen an Männer delegieren, wenn Männer an Frauen delegieren, wenn Männer an Männer delegieren und wenn Frauen an Frauen delegieren. Damit hätten wir alle Kombinationsmöglichkeiten ausgeschöpft – und wären auch beinahe in der Perfektionsfalle gelandet, nämlich alle denkbaren und undenkbaren Kombinationen vorher durchdenken zu wollen. Männer und Frauen sind verschieden. Warum Frauen nicht einparken und Männer nicht zuhören können, ist seit dem gleichnamigen Buch allgemeiner Wissensstandard geworden. Dass beide Geschlechter unterschiedlichen Denkmustern und »Logiken« folgen, ist ebenfalls keine Neuheit. Was aber bedeutet das für unser Thema Delegieren?

Nun, wenn Sie an einen anderen Menschen etwas delegieren wollen, dann müssen Sie ihn ansprechen. Sie möchten, dass er etwas für Sie tut. Diesen Wunsch müssen Sie klar kommunizieren. Und an dieser Stelle haben Frauen eher ein Problem als Männer. Aus Gründen der Fürsorge, Höflichkeit oder Rücksichtnahme entstehen Sätze wie: »Es wäre furchtbar nett von Ihnen, wenn Sie den Bericht bis morgen Abend fertig bekämen«, oder: »Würde es Ihnen etwas ausmachen, den Bericht bis morgen Abend fertig zu stellen?«, oder: »Könnten Sie es vielleicht einrichten, den Bericht bis morgen Abend noch fertig zu stellen?«, oder: »Ich weiß nicht, ob ich vielleicht zu viel von Ihnen verlange, wenn ich Sie bitten würde, den Bericht bis morgen Abend noch fertig zu stellen?«

Bei dieser Art der Ansprache werden dem Mitarbeiter die Entschuldigungsgründe und Ausreden sozusagen auf dem silbernen Tablett serviert. In diesen Botschaften fehlt die Entschlossenheit, etwas durchsetzen zu wollen. Hierin liegt ein großes Handicap weiblicher Führungskräfte: Sie sagen seltener klipp und klar, was sie von ihrem Gegenüber erwarten. Dafür gibt es eher indirekte Andeutungen, die beim Empfänger einen breiten Interpretationsspielraum offen lassen. Frauen weisen ungern an, sie deuten lieber an. Ihr Kommunikationsstil ist weniger direkt. Sie delegieren auch nicht so gerne, sondern machen die Arbeit lieber selbst. Übrigens haben auch Männer häufig Probleme, an Frauen zu delegieren. Gerade dann, wenn die Mitarbeiterin kein allzu starkes Selbstbewusstsein signalisiert, entstehen Sätze wie: »Probieren Sie es doch einfach einmal«, oder: »Schauen Sie mal, wie Sie damit klarkommen.« Auch hier fehlt die Eindeutigkeit in der Ansprache, das Resultat wird eher ein Zufallsprodukt sein, planbar ist das Ergebnis der Arbeit auf keinen Fall. Ohne eindeutige, klare Kommunikation sind alle Versuche, einem anderen Menschen eine Aufgabe zu übertragen, zum Scheitern verurteilt!

Schauen wir uns einmal an, welche Erfahrungen »gestandene« Führungskräfte gemacht haben:

- Frauen arbeiten lieber selbst, Männer delegieren eher. Wenn es dann zu Konflikten kommt, weichen Frauen diesen lieber aus.

- Frauen sind kompetenter, aber Männer setzen sich eher durch.

- Männer überschätzen sich eher: »Das ist kein Problem für mich.« Sie verstehen es, ihre Leistungen und Fähigkeiten »großzügiger« zu vermarkten.

- Frauen unterschätzen sich eher: »Ich weiß nicht, ob ich das kann.« Sie stellen ihr Licht eher unter den Scheffel und zeigen die Unzufriedenheit mit ihrer Leistung oft übertrieben selbstkritisch.

- Frauen bewerten ihre Arbeit qualitativ, Männer dagegen eher quantitativ.

- Männer orientieren sich eher an Karrierezielen, nehmen dafür auch unangenehme Jobs in Kauf. Frauen orientieren sich eher daran, dass die Aufgabe für sie interessant und befriedigend ist.

- Frauen entwickeln eher einen Spürsinn für Situationen, besitzen seismografische Fähigkeiten. Sie registrieren Abweichungen und Unstimmigkeiten früher als Männer. Sie treten dann im Vergleich zu Männern entschlossener auf, um für Abhilfe zu sorgen.

- Männer hingegen arrangieren sich auch mit sinnlosen Vorgaben. Bei Beschwerden oder Unvorhergesehenem weisen sie dann als »Einzelkämpfer« auf Abweichungen hin, wohingegen Frauen gemeinsam auftreten und ihre Bedenken vorbringen.

Wenn Frauen ein Ziel verinnerlicht haben, sind sie viel stärker als Männer dazu bereit, sich zu engagieren oder sogar zu kämpfen. Allgemein gilt, dass Männer eher Pläne machen, wohingegen Frauen eher Prozesse entwickeln, also flexibler vorgehen.

Nun wird an dieser Stelle der eine oder andere Leser Bedenken äußern: »So allgemein kann man das nicht sehen«, oder: »Ich kenne Personen, die sich ganz anders verhalten.« Sie haben natürlich Recht, es ist immer bedenklich, Menschen in Schubladen und Kategorien einzuteilen. In den Statements steckt allerdings die Erfahrung einiger Jahre Praxis im Berufsleben. Die junge Führungskraft, die sich vielleicht noch ein wenig zögerlich an das Thema Delegieren heranwagt, findet hier wichtige Hinweise, welche Reaktionen aus dem Mitarbeiterkreis zu erwarten sein können und wie der Auftrag am effektivsten »verpackt« werden kann.

Kapitel 5

Der Delegationsvertrag

Kapitelüberblick

Übergabe und Übernahme professionell gestalten

Verantwortlichkeiten und Ressourcen definieren

Gemeinsam Meilensteine setzen

Monitoring contra Kontrollwut

Bei Abweichungen flexibel gegensteuern

Die gerechte Belohnung oder »Wer ist schuld, wenn etwas passiert?«

Übergabe und Übernahme professionell gestalten

Delegieren darf nicht »zwischen Tür und Angel«, im Vorübergehen geschehen, sondern muss mit einer professionellen Übergabe- und Übernahmeprozedur ablaufen. Delegieren heißt: Zwei Seiten schließen eine Vereinbarung, einen Vertrag, den Delegationsvertrag. Und wie bei jedem Vertrag gilt: Verträge sind nur von Dauer, wenn sie beiden Seiten einen Vorteil verschaffen. Ansonsten spricht man nicht von einem Vertrag, sondern von einem Diktat. Beim Delegationsvertrag einigen sich beide Seiten darauf, dass eine Seite eine Leistung erbringt und die andere Seite im Gegenzug alle erforderliche Unterstützung bereitstellt: »Wenn Sie für mich arbeiten, dann arbeite ich für Sie.« Dieser Delegationsvertrag wird in der Praxis so wohl kaum formuliert und erst recht nicht in schriftlicher Form fixiert werden. Die Frage stellt sich: Warum eigentlich nicht? Wäre es nicht sinnvoll, alle entscheidenden Punkte den Beteiligten zum Nachlesen in die Hand zu drücken? Gerade in der Anfangsphase des Delegierens, wenn noch keine Erfahrungen vorliegen, wäre es für beide Seiten eine Hilfe – und eine Verpflichtung. Meist wird aber auf die schriftliche Niederlegung verzichtet – »weil ja alles schon besprochen wurde«. Umso wichtiger ist es deshalb, dass beide Seiten sich über die Bedeutung dieser Vereinbarung während der Laufzeit des Delegationsvertrages im Klaren sind. Wo diese Klarheit nicht herrscht, egal auf welcher Seite, ist der Erfolg einer Aufgabe infrage gestellt. Dem »Delegator« ist zwar meist klar, was er vom Auftragnehmer erwartet. Ihm ist jedoch oft nicht klar, welche Unterstützung der Auftragnehmer vom Auftraggeber erwartet. Delegieren heißt nicht, die Arbeit abzuwälzen, sondern dem anderen hilfreich zur Verfügung zu stehen, wann immer er Hilfe braucht. Um einen professionellen Ablauf sicherzustellen, müssen beide Seiten auch um die »Vertragsstrafen« wissen. Selbst wenn der Begriff hier vielleicht ein wenig überzogen wirkt, kann man davon ausgehen, dass das Nichteinhalten des Vereinbarten negative Auswirkungen auf den Betriebsablauf hat. Wirkt sich der Fehler gar auf das Außenverhältnis aus, auf vertragliche Beziehungen zu externen Kunden, dann können sogar Vertragsstrafen spürbare finanzielle Folgen nach sich ziehen. Diese Auswirkungen lassen sich jedem Beteiligten recht einfach vermitteln – wenn offen über die Zusammenhänge informiert wird. Betrachten wir aber einmal die eventuellen Folgen im Innenverhältnis, innerhalb der Abteilung oder an der Schnittstelle zu anderen Abteilungen. Hier wird eher ein »Laisser-faire«-Stil praktiziert. Sätze wie: »Dann sollen die sich eben noch einen Tag gedulden, wir müssen ja auch immer auf die warten« zeigen, dass in solchen Unternehmen noch Aufklärungsbedarf besteht. Denn jede geplante Maßnahme steht meist im Zusammenhang mit weiteren Folgemaßnahmen. Wenn nun eine vereinbarte Handlung, die Erledigung einer Aufgabe, nicht richtig oder nicht zeitgerecht erfüllt wird, so leiden andere Personen im Unternehmen darunter, sie werden somit für die Fehler ihrer Kollegen »bestraft«. Um solche negativen Effekte zu vermeiden, muss klar definiert werden, wer für was verantwortlich ist und welche Ressourcen zur Verfügung stehen.

Verantwortlichkeiten und Ressourcen definieren

Beginnen wir bei den Verantwortlichkeiten. Wofür ist der Auftragnehmer verantwortlich, und welche Entscheidungsbefugnisse erhält er? Diese Definition ist Teil des Delegationsvertrages. Die meisten Probleme beim Delegieren entstehen, wenn unklar ist, wer wofür Verantwortung trägt und bei wem die Entscheidungsbefugnis liegt. Man kann im (Berufs-)Leben nur Verantwortung für die eigenen Entscheidungen übernehmen. Alles andere wäre nicht nur unfair, sondern auch unrealistisch. Wie aber lässt sich Entscheidungsbefugnis verteilen, aufteilen oder unterteilen? Es gibt vier Stufen der Aufteilung von Verantwortung:

- Die *erste Stufe,* sozusagen die Anfängerversion, bedeutet für den Mitarbeiter, dass er nur auf Anordnung arbeitet. Jeder Schritt wird ihm von seinem »Delegator« vorgegeben. Auf dieser Ebene besitzt der Mitarbeiter so gut wie keine Befugnis, etwas selbst zu entscheiden. Er ist nur für seine direkten Handlungen verantwortlich, beispielsweise für die Qualität seiner Arbeit und die pünkliche Ausführung.

- Die *zweite Stufe* gibt ihm geringfügig größere Freiheitsgrade. Hier muss er vor jedem neuen Schritt die Zustimmung des »Delegators« einholen. Er entscheidet also zusätzlich mit über das »Timing« des nächsten Schrittes.

- Auf der *dritten Stufe* führt der Mitarbeiter die Tätigkeit selbstständig und alleinverantwortlich aus, muss aber regelmäßig einer Stelle Bericht erstatten. Bei dieser Art der Abgabe sind der Zeitraum der Berichterstattung und der Berichtsempfänger vorher klar zu definieren.

- Die *vierte Stufe* gibt dem Mitarbeiter völlig freie Hand, er kann seine Aufgabe ohne Berichterstattung selbstständig und eigenverantwortlich durchführen. Das Motto lautet: Nur der Erfolg zählt.

Auf welcher Stufe des Abgebens ein Delegationsvertrag geschlossen wird, hängt von der Komplexität der Aufgabe und dem »Reifegrad« des Mitarbeiters ab. Für beide Seiten ist die vierte Stufe die erstrebenswerte Lösung, da der Kontrollaufwand auf Seiten des »Delegators« wegfällt. Um sicherzustellen, dass der vereinbarte Rahmen eingehalten wird, muss jedoch ein Vergleich zwischen dem Ist- und dem Soll-Zustand stattfinden. Diesen Vergleich, diese Kontrolle, übernimmt der Mitarbeiter selbst in eigener Verantwortung. Hierfür muss er aber über die gültige Messlatte informiert sein, über die Meilensteine auf dem Weg zum Ziel. Dazu gehört auch, dass alle Beteiligten (ebenfalls ohne einen formellen Vertrag) Kopien aller vereinbarten Punkte erhalten, zur Erinnerung und zum Nachlesen.

> **Di**e meisten Probleme beim Delegieren entstehen, wenn unklar ist, wer wofür Verantwortung trägt und bei wem die Entscheidungsbefugnis liegt.

Gemeinsam Meilensteine setzen

Zum professionellen Delegieren gehört auch das richtige Einschätzen von Zeitrahmen. Die Zeitspanne zum Erreichen eines Zieles muss im Bereich des Möglichen liegen. Ziele müssen herausfordernd sein und einen Anreiz bieten. Wer immer trifft, steht wahrscheinlich zu dicht am Ziel. Ziele müssen aber auch realisierbar sein. Ein 100-Meter-Läufer versucht gewöhnlich bei jedem Rennen eine noch bessere Zeit herauszuholen, noch besser als beim letzten Lauf. Würde ihm allerdings sein Trainer eine Zeitvorgabe von fünf Sekunden auf 100 Meter vorgeben, dann wüsste er aufgrund seiner Erfahrung und vorhandener statistischer Daten, dass dieses Ziel nicht zu erreichen wäre – und er würde erst gar nicht

Zielplanung in Etappen
Gesamtziel

Zeitschiene

| 100 % |
| 75 % |
| 50 % |
| 25 % |

Termin: —————
Termin: —————
Termin: —————
Termin: —————

Aktivität
Aktivität
Aktivität
Aktivität

Erledigung der
Teilziele zu:

| 3/3 |
| 2/3 |
| 1/3 |

zum Rennen antreten. Damit bei den Mitarbeitern realistische Begeisterung und keine Frustration einsetzt, sind mit ihnen gemeinsam die Meilensteine für die Zielerreichung zu besprechen und festzulegen.

Nun wissen Sie wahrscheinlich aus Ihrer eigenen beruflichen Erfahrung, dass kurz vor Ende eines Fertigstellungstermins die Zeit im Zeitraffer abzulaufen scheint. Gerade vor Messen und Präsentationsterminen kommt es auf wundersame Weise immer wieder zu ungeplanten Zwischenfällen, die Ihren Zeitplan ins Wanken bringen. Die Folgen: Hektik, Stress und höhere Fehlerquoten. Hier gibt es eine Möglichkeit, mit einem kleinen »Trick« doch noch mit normaler Arbeitsgeschwindigkeit zum Ziel zu kommen:

Teilen Sie die gesamte Aufgabe in Einzelschritte auf, und setzen Sie sich zum Ziel, zur Hälfte der vorgesehenen Zeit bereits zwei Drittel der gesamten Aufgabe erledigt zu haben. Sie werden schnell feststellen, dass mit dieser Methode des »verschobenen Zeitstrahls« mehr Ruhe und weniger Hast in die Arbeitsabläufe eintreten wird (siehe Checkliste S. 129). Sie wirken mit einer solchen Planung der »Aufschieberitis«, dem menschlichen Drang, Dinge erst »auf den letzten Drücker« zu erledigen, erfolgreich entgegen – bei Ihnen und bei Ihren Mitarbeitern. Es ist vielleicht gar keine schlechte Idee, den Mitarbeitern die Grundlagen der Zeitplantechnik zu vermitteln. Diese Investition zahlt sich aus: Sie vermeiden dadurch Antworten wie: »Mir ist die Zeit einfach davongerannt.« Denn oft haben sich Mitarbeiter über dieses Thema noch nie Gedanken machen müssen, weil andere (Chefs) ihnen immer den Zeitrahmen vorgaben. Ein Kernsatz bei der Vereinbarung von Zielen heißt: Die vereinbarten Ziele müssen vom betroffenen Mitarbeiter direkt beeinflussbar, zumutbar und erreichbar sein. Wenn Sie gegen diese Regel verstoßen, sind Enttäuschung und Verärgerung vorprogrammiert. Es wird dann nur mit Wunschzielen operiert – Ziele, an die im Grunde genommen niemand ernsthaft glaubt.

Noch schlimmer: Der Mitarbeiter wird versuchen, an Sie zurückzudelegieren: »Chef, ich kann die Arbeit nicht fertig stellen, weil ...« An dieser Stelle werden Sie mit der geballten Kreativität menschlicher Vermeidungsstrategien konfrontiert. Wenn Sie sich nun einen Moment lang in Ihrer »Sandwich-Position« zwischen »oben« und »unten« einmal vorstellen, mit welchen (selbstverständlich logischen und plausiblen) Ausreden oder Entschuldigungsgründen Sie Ihrem Chef gegenüber versuchen würden, eine ungeliebte Arbeit an ihn zurückzudelegieren, dann werden Sie sehr schnell feststellen, wie groß die Bandbreite der Argumente sein kann. Lassen Sie es deshalb bei Ihren Mitarbeitern erst gar nicht so weit kommen, sondern suchen Sie Übereinstimmung, auch wenn das Abstimmungsgespräch ein wenig länger dauern sollte. Sie sind in einer Vertragsverhandlung, Ihr Ziel ist der Delegationsvertrag. Sie wollen etwas abgeben und nicht zusätzliche Arbeit übernehmen. Das geschieht oft allerdings schneller, als man glaubt.

Der Mitarbeiter, der mit treuherzigem Augenaufschlag Ihr Büro betritt mit dem Satz: »Chef, ich hätte da (nur) noch eine Frage«, ist auf dem besten Weg, Ihnen sein Problem zu »schenken«. Sollten Sie einmal mit dem Thema Rückdelegation konfrontiert werden, so lassen Sie sich diesen »Affen« nicht »auf die Schultern setzen«, sondern reagieren Sie offensiv: »Was ist das genaue Problem? Welche Alternativen stehen uns zur Verfügung? Welche Vor- und Nachteile könnten diese Alternativen haben? Was empfehlen Sie und aus welchem Grund? Machen Sie sich bitte Gedanken über die Vor- und Nachteile bis morgen früh um 10:00 Uhr.« Bestehen Sie auch auf Klarheit in den Aussagen der Mitarbeiter. Haken Sie nach und erklären Sie, warum: »Entschuldigen Sie, dass ich hier noch einmal nachfrage: Wer sagte zu wem ...?« »Den letzten Satz habe ich nicht ganz verstanden.« »Ich will das Problem noch einmal mit meinen Worten schildern, und Sie sagen mir dann, ob ich Sie richtig verstanden habe.« »Es tut mir leid, dass ich so hartnäckig bei diesem Thema bin. Aber solange ich nicht richtig durchblicke, kann ich Ihnen keinen geeigneten Vorschlag machen.« Wenn Sie Ihren Delegationsvertrag richtig ausgearbeitet haben, dann werden Sie in der Praxis kaum rückdelegierende Mitarbeiter in Ihrem Büro antreffen.

Die vereinbarten Ziele müssen vom betroffenen Mitarbeiter direkt beeinflussbar, zumutbar und erreichbar sein.

Um mit Ihren Zielen zum Ziel zu kommen, sind noch einige weitere Punkte zu beachten und ein paar Fragen zu beantworten.

- Habe ich den richtigen Mitarbeiter ausgewählt?
- Ist der Mitarbeiter zur Übernahme der Aufgabe bereit?
- Stellt die Aufgabe für den Mitarbeiter eine »Weiterbildung« dar, lernt er neue Fähigkeiten hinzu?
- Wurde dem Mitarbeiter das Ziel in Verbindung mit übergeordneten Hauptzielen verständlich erklärt?
- Ist das Ziel erreichbar?
- Ist das Ziel von dem Mitarbeiter unmittelbar beeinflussbar?
- Ist das Ziel dem Mitarbeiter zumutbar, oder ist er mit der Aufgabe (stark) überfordert?
- Kann der Mitarbeiter bei der Festlegung des Ziels eigene Ideen und Vorschläge einbringen?
- Sind alle Formulierungen eindeutig und unmissverständlich?
- Ist die Aufgabe so klar definiert, dass Sie das Ergebnis anschließend überprüfen können?
- Werden die speziellen Kenntnisse und Fähigkeiten des Mitarbeiters optimal genutzt?
- Wurden die notwendigen Informationen übermittelt, und hat der Empfänger sie in Ihrem Sinne verstanden?
- Ist der Mitarbeiter über seine Entscheidungs- und Handlungskompetenzen informiert?

- Sind die anderen Mitarbeiter ebenfalls über seine Befugnisse informiert?

- Sind die erforderlichen Arbeitsbedingungen vorhanden?

- Haben Sie dem Mitarbeiter signalisiert, dass Sie ihn für diese Aufgabe unbedingt benötigen und dass Sie sich voll und ganz auf ihn verlassen?

- Hat der Mitarbeiter verstanden, dass er von Ihnen jede notwendige Hilfe einfordern kann?

Wenn Sie alle Fragen mit »Ja« beantworten können, dann sind Sie dem Erfolg ein ganzes Stück näher gerückt. Sie können jetzt sicher sein, die richtigen Mitarbeiter ausgewählt zu haben. Die eine Seite beim Delegieren wäre also geklärt. Wie aber sieht es mit der anderen (Vertrags-)Seite aus, mit Ihnen? Sind Sie eigentlich die richtige Führungskraft für diese Mitarbeiter? Welche Voraussetzungen bieten Sie für den Erfolg? Machen Sie einen Selbst-Check anhand der folgenden Übersicht.

Hier einige Bemerkungen zu den 22 Punkten in der folgenden Checkliste:

1) Wie können Sie sonst entscheiden, wer am ehesten für eine Arbeit infrage kommt?

2) Woher soll die Identifikation der Mitarbeiter mit ihrer Tätigkeit kommen?

3) Sie möchten die Mitarbeiter fordern – ohne sie (vielleicht sogar dauerhaft) zu überfordern.

4) Wie hoch ist der Aufwand für die Mitarbeiter, an die notwendigen aktuellen Informationen zu gelangen?

5) Sie gehen sonst das Risiko des Scheiterns ein.

Checkliste

Fragen zu Ihrem Verhalten als Mitarbeiterführer	Ja
1) Sind mir die Inhalte und Ziele der Arbeitsplätze meiner Mitarbeiter bekannt?	
2) Sind meinen Mitarbeitern die Ziele und Inhalte ihrer Arbeitsplätze bekannt?	
3) Bin ich über die Be-, Aus- oder Überlastung aller meiner Mitarbeiter informiert?	
4) Erhalten alle Mitarbeiter die zur Ausführung der Arbeit erforderlichen Informationen?	
5) Weiß ich, inwieweit jeder meiner Mitarbeiter für seine Aufgabe geeignet ist?	
6) Lasse ich meine Mitarbeiter ihre Arbeit auf ihre Art und Weise ausführen, ohne mich einzumischen?	
7) Weiß ich über vorhandene Wissenslücken meiner Mitarbeiter Bescheid?	
8) Habe ich einen Plan zur Beseitigung der Wissenslücken?	
9) Werde ich ab und zu von meinen Mitarbeitern um Hilfe gebeten?	
10) Weiß ich, wer von meinen Mitarbeitern sich nach anderen Aufgaben sehnt?	
11) Weiß ich, was meine Mitarbeiter von meinem Führungsstil halten?	
12) Erhalte ich ausreichend Verbesserungsvorschläge von meinen Mitarbeitern?	
13) Führe ich ausreichend oft Mitarbeiterbesprechungen durch?	
14) Kann ich mich zurückhalten, auch wenn Dinge sich nicht genau nach meiner Vorstellung entwickeln?	
15) Kann ich bei Kritikgesprächen Person und Problem auseinander halten?	
16) Wäre ich bereit, »unter« einem meiner Mitarbeiter zu arbeiten, wenn er die bessere Führungskraft wäre?	
17) Bin ich sicher, dass in meiner Abteilung gerecht bezahlt wird?	
18) Weiß ich, wie es meinen Mitarbeitern persönlich geht?	
19) Bin ich über die Aufstiegswünsche meiner Mitarbeiter informiert?	
20) Gebe ich meinen Mitarbeitern Tipps für die Karriereplanung?	
21) Rege ich meine Mitarbeiter zur Kritik an?	
22) Fordere ich meine Mitarbeiter regelmäßig zu Verbesserungsvorschlägen auf?	

6) Geben Sie Tipps, reden Sie aber nicht rein. Sie sind am Ergebnis interessiert, nicht am Weg dahin.

7) Es wäre doch ärgerlich, wenn deswegen eine Aufgabe scheitert.

8) Dieser Plan muss vor dem Delegieren diskutiert und dann aktualisiert werden.

9) Warum wohl fragt Sie keiner? Wie sieht es mit dem Vertrauensverhältnis zu Ihren Mitarbeitern aus?

10) Woher wollen Sie sonst wissen, wer für neue Aufgaben am besten geeignet ist?

11) Sprechen Sie ab und zu offen darüber? Gibt es regelmäßige Chefbeurteilungen? Wenn nein, warum noch nicht?

12) Wenn nein, woran liegt es wohl – und was wollen Sie künftig dagegen unternehmen?

13) Hier sind Besprechungen gemeint, auf denen sich alle angstfrei und offen äußern.

14) Gehören Geduld und Selbstdisziplin zu Ihren Stärken? Sie sollten ein positives Vorbild für Ihre Mitarbeiter sein.

15) Glückwunsch, das können nicht viele – vor allem, wenn etwas schief läuft.

16) Die Antwort sagt Ihnen etwas über Ihre persönliche Größe und Ihr Selbstbewusstsein.

17) Sorgen Sie dafür, dass gerecht bezahlt wird – und Sie sorgen dafür, dass Geld keine Rolle mehr spielt für die Motivation.

18) Woher wollen Sie sonst wissen, welchen Einsatz Sie von Ihren Mitarbeitern derzeit erwarten können?

19) Helfen Sie anderen aufzusteigen, Sie steigen dabei mit auf.

20) Zeigen Sie, dass Sie nicht neidisch oder eifersüchtig sind.

21) Was halten Sie von dem Churchill-Zitat: »Wenn zwei Menschen immer einer Meinung sind, ist einer von beiden überflüssig«? Könnten Sie mit dieser Einstellung erfolgreich leben?

22) Nur wer fordert, fördert andere – und sich selbst.

Monitoring contra Kontrollwut

Vorausgesetzt, alles läuft wie geplant, dann können Sie sich nun ruhig zurücklehnen und die gewonnene Zeit für Wichtigeres nutzen. Woher aber wollen Sie wissen, ob alles wie geplant läuft? Wie kann man sicherstellen, dass Ziele erreicht werden, dass Abweichungen und Versäumnisse rechtzeitig entdeckt werden? Wessen Aufgabe ist das eigentlich? Irgend jemand muss doch die Kontrolle in der Hand behalten, oder?

Aus den Augen, aus dem Sinn – ein altes Sprichwort, dessen Bedeutung jeder Führungskraft schmerzhaft klar wird, wenn kurz vor der Fertigstellung einer Aufgabe ein Mitarbeiter entdeckt, dass er etwas Wichtiges vergessen hat. Gerade wenn mehrere Tätigkeiten parallel ablaufen, wenn das Tagesgeschäft nicht vernachlässigt werden darf, wenn unvorhergesehene Personalausfälle eintreten, dann verliert man schnell den Überblick über die sonst noch anstehenden Aufgaben. Deshalb ist es wichtig, dass »auf einen Blick« die Zusammenhänge vor Augen geführt werden. Eine einfache Methode, die allen Beteiligten permanent die erforderliche Transparenz bietet, ist die Netzplantechnik. Hier sind alle Aktivitäten sowie die Abhängigkeiten der Aktivitäten voneinander dargestellt. Jeder Beteiligte kann erkennen, welche nachfolgenden Arbeiten von seiner Leistung abhängen und welche Verschiebungen eine Terminverzögerung auslöst. Wenn dieser Plan dann an einer gut sichtbaren Stelle angebracht ist, dann sinkt die Wahrscheinlichkeit des Vergessens und »Übersehens«. Wenn dann noch das »Datums-

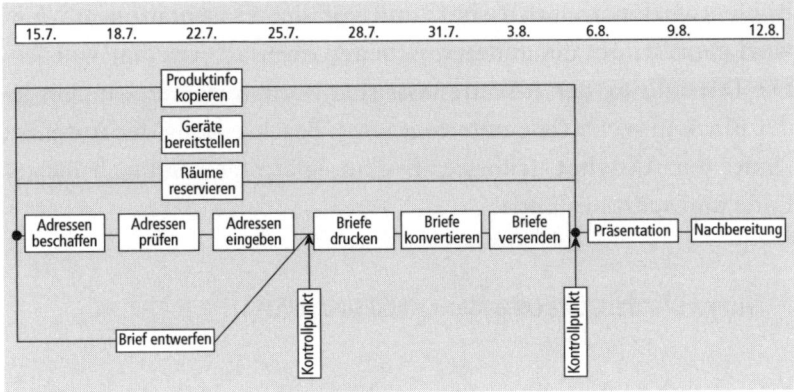

Abbildung 14:
Einladung zu einer Produktpräsentation

Lot«, eine senkrechte, den jeweiligen Tag markierende Linie, täglich in Richtung Endtermin verschoben wird, dann findet die Kontrolle permanent statt – durch die Beteiligten. Als Führungskraft können Sie die Überwachung auch an einen Mitarbeiter übertragen, der Sie nur bei Abweichungen und bei tatsächlichem Bedarf an Unterstützung informiert.

Bei unserem Beispiel, der Einladung von Interessenten zu einer Produktpräsentation (siehe Abbildung 14), sind die einzelnen Schritte und Abhängigkeiten für jeden Betrachter eindeutig nachvollziehbar. Dass ein Serienbrief erst gedruckt werden kann, wenn die entsprechenden Adressen vorhanden beziehungsweise gespeichert sind, ist heute jedem PC-Benutzer bewusst. Dass trotzdem immer wieder solche banalen Fehler in Organisationen passieren, beweist, wie wichtig eine einfache und überschaubare optische Darstellung ist. Je komplexer sich die Zusammenhänge einer Aufgabe gestalten, umso unentbehrlicher sind Vorbereitung und Aufbereitung beim Delegieren. Damit der letztendlich Verantwortliche, nämlich Sie, beruhigt sein kann, dass alle Beteiligten ihre Arbeit wie geplant ausführen, sind Messpunkte erforderlich. In unserem Beispiel wird am 26.7. geprüft, ob die Adressen und der

Briefentwurf vorhanden sind, und vor der Präsentation am 5.8. wird geprüft, ob alle anderen Arbeiten ebenfalls erledigt wurden. Die Darstellung der Abläufe lässt sich noch verfeinern, indem jeder Block in sechs Teile unterteilt wird: Beschreibung der Aufgabe, Dauer der Aktivität, frühester Beginn, spätester Beginn, frühestes Ende und spätestes Ende.

> **N**ur wer fordert, fördert andere – und sich selbst.

An welchen Stellen Sie die Messpunkte setzen und ob sie von Ihnen oder einem Beauftragten überprüft werden, das alleine ist Ihre Entscheidung als Verantwortlicher. Wenn nun im Ablauf eines Projektes ein Problem entsteht, dann haben Sie noch die Möglichkeit einzugreifen – oder eingreifen zu lassen. Ziel ist die Präsentation mit anschließender Nachbereitung, dafür werden Sie (unter anderem) bezahlt. Sie haben nun Ihre Hausaufgaben gemacht, die Planung steht, und Sie sind gespannt, ob Ihre Mitarbeiter wie geplant »funktionieren«. Was können Sie nun als Nächstes tun? Erst einmal nichts. Sie haben ja delegiert. Falsch wäre es, sich bei jedem Teilschritt einzumischen und zu fragen: »Na, wie weit sind Sie?« Nichts gegen ein aufmunterndes Wort an die Mitarbeiter – so lange es nicht als Überwachung oder Kontrolle verstanden wird. Denn was sie nun auf keinen Fall tun sollten, ist der Schritt in die beschriebene Perfektionsfalle. Sie haben sich entschieden abzugeben, dann lassen Sie nun bitte Ihre Mitarbeiter alleine laufen. So wie ein General vor einer Schlacht einem Kommandeur den Auftrag gibt: »Nehmen Sie Höhe 22 ein«, und ihn dann selbst entscheiden lässt, wie er die Aufgabe strategisch bewältigt, so sollten Sie Ihren Mitstreitern die Ausführung der Arbeit überlassen, selbst wenn Sie persönlich eine andere Strategie gewählt hätten. Wenn der General als gelernter Soldat nun auch noch an vorderster Front im Schützengraben mit entscheiden will, dann hätte er auch gleich den Befehl behalten können. In Unternehmen geschieht häufig genau dasselbe: Eine Aufgabe wird gestellt, eine Arbeit vergeben – und dann mischt sich der Vorgesetzte immer wieder ein, meist aus falsch verstandener Fürsorgepflicht. Die verständliche Reaktion der Mitarbeiter ähnelt der des letzten Sachsenkönigs: »Macht euern Dreck doch alleene!«

Nun besitzen wahrscheinlich nicht alle Ihrer Mitarbeiter aufgrund unterschiedlicher Ausbildung, Erfahrung, Mentalität oder Betriebszugehörigkeit denselben »Reifegrad« für die Erledigung einer Aufgabe. Verständlich, dass Sie sich ab und zu vergewissern möchten, ob und dass alles in Ihrem Sinne erledigt wird. Dafür finden Sie in der folgenden Tabelle die unterschiedlichen Formen der Kontrolle mit ihren Vor- und Nachteilen sowie den Einsatzmöglichkeiten aufgeführt (siehe Abbildung 15).

Die Selbstkontrolle durch den Mitarbeiter setzt voraus, dass es sich um einen hoch motivierten und hoch qualifizierten Mitarbeiter handelt, der genau weiß, was er tut, und der sich mit einem ausgeprägten Selbstbewusstsein angstfrei in einem optimalen Arbeitsklima bewegt. Mit solchen Mitarbeitern können Sie ebenfalls angstfrei das tun, was jede erfolgreiche Führungskraft tut: abgeben. Was geschieht aber, wenn etwas passiert? Wenn sich unvorhergesehene Änderungen ergeben, wenn sich der Mitarbeiter entgegen Ihrer Einschätzung als ungeeignet erweist, wenn äußere Einflüsse ungeplant den Ablauf beeinflussen? Kann ich dann eingreifen, darf ich dann eingreifen, oder muss ich sogar eingreifen?

Bei Abweichungen flexibel gegensteuern

Wann sollten Sie eingreifen? Es gibt auf der einen Seite Situationen, in denen Sie von Ihrem Weisungsrecht Gebrauch machen müssen. Wenn zum Beispiel ein nicht akzeptabler finanzieller Verlust droht, wenn Sie erkennen, dass eine bedrohliche Situation eintritt, dann wäre es gegenüber dem Unternehmen unverantwortlich, diesen

Form der Kontrolle	Vorteile	Nachteile	Einsatz bei
Begleitende Kontrolle	Fehler können sofort entdeckt und abgestellt werden.	Hoher Zeitaufwand Reduziert die Eigenverantwortung des Mitarbeiters	Ausbildungsstufen Aufgaben mit hohem Risikofaktor
Stichprobenkontrolle	Nimmt wenig Zeit in Anspruch Ermöglicht guten Überblick bei geringem Aufwand Für den Mitarbeiter berechenbar Motivationsdruck beim Mitarbeiter	Nicht zeitnah zur Tätigkeit Keine 100-prozentige Sicherheit	Mitarbeitern, zu denen Grundvertrauen herrscht sich wiederholenden Aktivitäten in ausreichender Quantität
Ergebniskontrolle	Motivierend Hohe Sicherheit	Schäden werden erst recht spät festgestellt Prozessoptimierung nur im Nachhinein möglich	»kalkulierbarem« Schaden klar definierten und überschaubaren Aktivitäten
Selbstkontrolle durch Mitarbeiter	Hohe Eigenmotivation Zeitnahe Entscheidungen Geringe Kosten Steigert Verantwortungsbewusstsein der Mitarbeiter	Nachvollziehbarkeit der Tätigkeit durch andere nicht möglich Subjektiver oder willkürlicher Entscheidungsrahmen Gefahr des »Laisserfaire« Kein Feedback für den Mitarbeiter	hoch motivierten und hoch qualifizierten Mitarbeitern

Abbildung 15:
Unterschiedliche Formen der Kontrolle

Schaden lediglich unter der Rubrik »Lehrgeld« zu verbuchen. Auf der anderen Seite: Wo gehobelt wird, fallen Späne, wo gearbeitet wird, passieren Fehler. Achten Sie aber darauf, dass ein eventueller Schaden noch aus der Portokasse beglichen werden kann. Größere Summen erfordern Ihr Einschreiten. Ein Grund zum Einschreiten besteht auch, wenn es sich um Fehler bei Routineaufgaben handelt, die in Zukunft noch öfter gelöst werden müssen. Ebenso sind Sie als Entscheider gefordert, wenn ein Mitarbeiter nicht bereit ist, aus einem Fehler zu lernen und die entsprechenden Änderungen vorzunehmen. Dasselbe gilt, wenn ein Mitarbeiter bei bestimmten Tätigkeiten eine überdurchschnittlich hohe Fehlerquote zeigt. Sensibel und schnell sollten Sie auch reagieren, wenn durch das Tun und Handeln eines Mitarbeiters negative Auswirkungen auf die Motivation seiner Kollegen festzustellen sind.

Sofern es Vergleichswerte gibt, betrachten Sie das Verhalten des Mitarbeiters in der Vergangenheit und sprechen Sie ihn auf Ihre aktuellen Beobachtungen hin an. Zeigen Sie Größe und übernehmen Sie selbst die Verantwortung. Stellen Sie den Mitarbeiter nicht bloß, sondern sprechen Sie ihn motivierend an. Sagen Sie nicht: »Ich habe sie überschätzt«, sondern: »Ich habe das Projekt unterschätzt und glaube, dass Sie noch Unterstützung benötigen. Würden Sie eine Hilfsperson begrüßen? Welche Hilfe benötigen Sie noch?« Selbstverständlich sollten im Interesse Ihrer Akzeptanz als Führungskraft solche Fälle nicht allzu oft vorkommen.

Die gerechte Belohnung oder »Wer ist schuld, wenn etwas passiert?«

Solange Arbeiten und Projekte problemlos und wie geplant ablaufen, solange ist die Welt in Ordnung. Wenn nun allerdings das gesteckte Ziel nicht erreicht wird, sei es qualitativ, quantitativ oder nicht im vorgesehenen Zeitrahmen: Wer ist dann der Schuldige, wen kann man zum »Sündenbock« ernennen? Nun, das ist der Risikofaktor in Ihrer Position: Erfolge und Misserfolge werden Ihnen als Verantwortlichem auf Ihr persönliches Erfolgskonto gebucht. Aber haben Sie nicht die Verantwortung einem Mitarbeiter übergeben? Sind Sie damit nicht automatisch »entschuldigt«? Die Schuld liegt doch eindeutig nicht bei Ihnen, Sie haben doch nichts falsch gemacht. Ja, stimmt alles. Aber versetzen Sie sich doch einmal kurz in die Lage Ihres Vorgesetzten. Wozu hat er Sie eingestellt? Wofür bezahlt er Sie? Dafür, dass Sie Ihren Job ordnungsgemäß ausführen. Wen Sie dann im Einzelnen zur Erledigung der Aufgabe auswählen, das ist nicht sein Thema, nicht sein Problem. Für ihn sind Sie persönlich haftbar für die Qualität Ihrer Arbeit (und der Ihrer Mitarbeiter). Sie sehen also, dass Sie nicht umhinkönnen, auf die ordnungsgemäße Ausführung der delegierten Arbeiten ein Auge zu werfen. Wie häufig das geschehen muss, wie intensiv der väterliche oder mütterliche Blick sein muss, das ist allein Ihre Entscheidung als Führungskraft. Je sorgfältiger Sie sich mit dem Thema Delegationsvertrag, Auswahl der richtigen Mitarbeiter und der intensiven Kommunikation vor der Delegation einer Arbeit auseinander gesetzt haben, umso weniger Kontrollschritte müssen Sie anschließend ausführen. Hier zahlt sich Ihre Vorarbeit aus, Ihr persönliches Investment in Ihre Mitarbeiter. Wenn der »militärische Auftrag« scheitert, dann wird immer der General sich zu verantworten haben, also Sie.

Und wie sieht es aus, wenn alles gut läuft? Wenn Sie melden können: »Auftrag ausgeführt, Ziel erreicht«? Wer erntet dann die Lorbeeren? Selbstverständlich der Verantwortliche, also Sie. Sollten Sie in dieser Phase des Glücksgefühls allerdings vergessen, das Lob nach »unten« weiterzugeben, dann wird die Bereitschaft Ihrer Mitarbeiter, Sie in Zukunft tatkräftig zu unterstützen, spürbar abnehmen. Es ist eigentlich selbstverständlich, dass die Beteiligten für Ihre gute Arbeit gelobt werden. Hier stellt sich die menschliche Qualität einer Führungskraft heraus: beim Loben. Leider zeigt sich in der Praxis sehr oft, dass viele Führungskräfte ihr Handwerk offenbar nicht gelernt haben. Vor allem in wirtschaftlich schwierigeren Zeiten stellen sich Führungskräfte gerne nach »oben« hin als die Helden dar, ohne lobend und voller Stolz auf Ihre Mitstreiter hinzuweisen. Begehen Sie nicht den gleichen Fehler, Ihr Chef weiß ohnehin, dass Sie es nicht allein geschafft hätten.

In der folgenden Checkliste finden Sie noch einmal zusammengefasst alle Punkte, die Sie vor dem Delegieren einer Aufgabe klären sollten – um im Nachhinein nicht nachbessern zu müssen.

Checkliste zum Delegieren

	Es ist etwas zu tun	Erläuterungen
Was?	Aufgabe (genaue Definition der Aktivität) Teilaufgaben (Welche Unteraufgaben stehen in Verbindung mit der Aufgabe?) Erwartetes Ergebnis (Was genau wird als Ergebnis erwartet?) Evtl. Hindernisse und Schwierigkeiten (Welche Probleme könnten auftreten?)	
Wer?	Eignung (Ist die ausgewählte Person für die Aufgabe qualifiziert?) Stärken (Welche besonderen Eigenschaften lassen den Mitarbeiter geeignet erscheinen?) Evtl. Schwachstellen (An welchen Stellen könnte die Qualifikation nicht ausreichen, und was werden Sie gemeinsam mit dem Mitarbeiter dagegen tun?)	
Wozu?	Ziel (Was ist das Ziel der Aktivität?) Zweck und Sinn (Welche Bedeutung hat die Aufgabe für das Unternehmen?) Folgen bei Nichterreichen (Was passiert, wenn die Aufgabe nicht im geplanten Sinn erfüllt wird? Welche Konsequenzen können für das Unternehmen entstehen?)	
Wie?	Durchführung (Wie soll die Aufgabe durchgeführt werden?) Informationen (Wer benötigt zu welchem Zeitpunkt welche Informationen?)	

	Kosten (Welche direkten und indirekten Kosten entstehen bei dem Job?) Richtlinien und Vorschriften (Welche Bestimmungen, Normen etc. müssen beachtet werden?)	
Womit?	Hilfsmittel (Welche Hilfsmittel können eingesetzt werden beziehungsweise müssen noch organisiert werden?) Interne Unterstützung (Welche hausinterne Unterstützung kann in Anspruch genommen werden?) Externe Unterstützung (wer außerhalb des Unternehmens kann oder muss zur Unterstützung herangezogen werden?)	
Wann?	Endtermin (Bis zu welchem endgültigen Datum muss die Aufgabe abgeschlossen sein?) Zwischentermine mit Fortschrittskontrolle (Zu welchen Zeitpunkten werden welche Fortschritte erwartet – und überprüft?) »Alarmanlage« (Wer macht auf Abweichungen in welcher Form aufmerksam? Welche Befugnisse hat der »Kontrolleur«?) Belohnung (In welcher Form werden die Beteiligten bei Erreichen des Ziels »belohnt«?)	

Begehen Sie nicht den Fehler, sich nach »oben« als Helden darzustellen, ohne lobend auf Ihre Mitarbeiter zu verweisen – Ihr Chef weiß sowieso, dass Sie es nicht alleine geschafft hätten.

Nun wird es Situationen geben, bei denen kein Grund zur Belohnung gegeben ist, wenn zum Beispiel gravierende Fehler passiert sind. Hier sind Sie als Führungskraft besonders gefordert. Greifen Sie nicht die Person an, die den Fehler verursacht hat, sondern kritisieren Sie die Leistung oder das Verhalten der Person. Richten Sie die Kritik an den »Kritikwürdigen« und tragen Sie die Kritik »würdig« vor. Vermeiden Sie die in vielen Firmen übliche »Abkanzelung« von Mitarbeitern (womöglich noch vor versammelter Mannschaft), wenn etwas falsch gelaufen ist. Schauen Sie zuerst selbstkritisch in den Spiegel und berücksichtigen Sie Ihre eigene Rolle in der Situation. Fehler sind dazu da, aus ihnen für die Zukunft zu lernen, und nicht, um unproduktive Vergangenheitsbewältigung zu betreiben. Wer Schwimmen lernt, wird Wasser schlucken – bis es mit dem Schwimmen klappt. Lassen Sie sich nicht davon abhalten, zu delegieren was delegierbar ist. Sie werden weiter kommen als diejenigen Ihrer Kollegen, die sich nicht lösen können von den Details, die sich täglich persönlich vergewissern, dass abends das Licht im Büro auch tatsächlich ausgeschaltet ist.

Kapitel 6

Beispiele aus der Praxis

Kapitelüberblick

Den Handlungsbedarf auflisten

Rasch auf Veränderungen reagieren

Krisen bewältigen

Beispiele aus Unternehmen

Beispiele aus der Politik

Den Handlungsbedarf auflisten

In diesem Kapitel möchten wir Ihnen einige Anregungen geben, was man alles delegieren kann. Bei der Frage, welche Arbeiten delegierbar sind, fallen einem in der Regel zuerst die großen, Zeit raubenden Aufgaben ein. Gleichzeitig fürchtet man auch vielleicht den eventuellen Aufwand, der erforderlich ist, damit eine Tätigkeit richtig übergeben werden kann. Dabei übersieht man ganz, dass es oft die Summe der vielen Kleinigkeiten ist, die das Berufsleben so mühsam machen, die den Tag immer zu kurz erscheinen lässt.

Wenn Sie sechs kleinere Tätigkeiten delegieren, die Sie täglich jeweils nur zehn Minuten Ihrer Zeit kosten, haben Sie bereits pro Tag eine Stunde mehr Arbeitszeit zur Verfügung. Nach vier Arbeitstagen steht Ihnen bereits ein halber Tag zusätzlich zur Verfügung.

Was könnten Sie mit dieser gewonnenen Zeit alles anfangen? Zum Beispiel sich mit Zukunftsplanungen beschäftigen, sich Gedanken über neue Produkte oder Dienstleistungen machen, Gespräche mit Mitarbeitern führen, die Präsentation Ihrer Ideen und Vorschläge an die Geschäftsleitung vorbereiten, mehr Zeit für Verbandsarbeit nutzen oder einfach mehr Zeit in die eigene Weiterbildung und somit auch in Ihre Zukunftssicherung investieren.

Schauen wir uns doch einmal an, bei welchen Punkten die Möglichkeit des Delegieren besteht. Überlegen Sie bitte bei jedem der Punkte, ob sich für Sie Handlungsbedarf ergibt – und warum Sie diese Tätigkeit bisher noch nicht delegiert haben.

- *Öffnen Sie Ihre Post noch selbst, oder lassen Sie sich nur die bereits geöffnete Post vorlegen?*
  Wenn Sie pro Tag nur drei Briefe erhalten, dann nimmt das Öffnen der Post maximal 30 Sekunden in Anspruch – kein Grund zum Delegieren. Bei einem größeren Eingangsvolumen lassen sich allerdings schon mehrere Minuten einsparen, und das jeden Tag. Multiplizieren Sie selbst.

- *Wenn Sie Informationen nach außen vermitteln müssen, zum Beispiel an Kunden, erledigen Sie das selbst, oder übertragen Sie die Aufgaben einem Mitarbeiter?*
  Warum sollte ein entsprechend informierter und gut vorbereiteter Mitarbeiter nicht ebenso glaubwürdig und repräsentativ nach außen hin wirken? Seine Motivation wird durch diese Herausforderung gesteigert, und die Identifikation mit seinem Job wird vertieft.

- *Führen Sie immer noch Listen oder Statistiken, die ein anderer ebenso gut und ebenso genau erledigen könnte?*
  Der Umgang mit dem PC gehört heute zum Allgemeinwissen eines Mitarbeiters. Spezielle Fachkenntnisse zur Eingabe von Daten in ein Tabellenkalkulationsprogramm sind ebenfalls nicht mehr erforderlich. Warum sollten Sie als Chef sich also mit rein administrativen Arbeiten abgeben?

- *Bearbeiten Sie Routineantworten selbst, oder lassen Sie das bereits von anderen erledigen?*

Im Zeitalter von Serienbriefen und Textbausteinen sollten Sie nur noch überprüfen, ob die Antworten mit Ihrer Firmen- und Servicephilosophie übereinstimmen.

- *Landen alle Telefonate bei Ihnen, oder haben Sie bereits ein Filtersystem aufgebaut, das nur noch die für Sie entscheidenden Gespräche durchlässt?*
  Wenn Sie unbedingt wissen wollen (oder müssen), wer alles bei Ihnen angerufen hat, dann lassen Sie sich von Ihren Mitarbeitern in bestimmten Abständen über Anrufer, Grund des Anrufs und vereinbarte Maßnahmen informieren. In kritischen Fällen können Sie dann nachträglich selbst eingreifen und Ihrem Gesprächspartner damit signalisieren, wie wichtig er für Sie ist.

- *Überwachen Sie Terminvereinbarungen während laufender Projekte selbst, oder haben Sie damit einen Mitarbeiter beauftragt?*
  Sie sind verantwortlich dafür, dass alle Termine eingehalten werden. Das bedeutet aber nicht zwangsläufig, dass sie alle Termine persönlich kontrollieren müssen. Übergeben Sie die Kontrolle der Termine an einen Mitarbeiter. Lassen Sie ihn über Lösungsmöglichkeiten bei Abweichungen nachdenken, und unterstützen Sie an den Stellen, wo Ihre Hilfe unbedingt nötig ist.

- *Stehen Besucher bei Ihnen plötzlich unangemeldet vor dem Schreibtisch, oder haben Sie sich hier bereits einen »Schutzmechanismus« aufgebaut?*
  Auch bei etwas ungünstiger räumlicher Gestaltung eines Arbeitsplatzes lassen sich mit ein wenig Kreativität unauffällig »Schutzzonen« anlegen, die dafür sorgen, dass Besucher »vorgefiltert« werden.

- *Prüfen Sie noch alle Berichte und Zahlen selbst, oder lassen Sie sich nur noch die Abweichungen melden?*
  An dieser Stelle setzt immer wieder das »In-Listen-Denken« aus

der Anfangszeit der EDV ein, als Datenmengen zum »Nachlesen« produziert und geliefert wurden. Wen interessiert eigentlich der Normalzustand? Als Zeitungsleser sind Sie doch auch kaum an Dingen interessiert, die normal und wie geplant ablaufen; Ihr Interesse wird nur durch Außergewöhnliches geweckt. Genauso sollte es im Geschäftsleben sein. Interessant sind für Sie nur die Abweichungen – um dann eingreifen zu können.

- *Besuchen Sie noch jede Konferenz oder jedes Meeting persönlich, oder lassen Sie sich nur noch das Wichtigste berichten?*
  Haben Sie schon einmal zusammengerechnet, wie viele Stunden Sie pro Monat in Meetings verbringen und wie viele Stunden davon für Sie nicht informativ waren und somit unproduktiv? Gehen Sie in Ihrem Unternehmen mit gutem Beispiel voran und besuchen Sie nur noch solche Zusammenkünfte, die für Ihre Tätigkeit und Ihre Entscheidungen unbedingt erforderlich sind. Wenn für Sie nur die Resultate eines Meetings von Bedeutung sind, dann entsenden Sie einen Delegierten, der an Sie berichtet.

- *Gehen Sie noch selbst auf Geschäftsreisen zur Informationsbeschaffung und auf routinemäßige Reisen, oder haben Sie diese Aufgaben bereits delegiert?*
  Wenn für Sie eine Geschäftsreise nicht als Statussymbol gilt, dann sollten Sie auf Routinereisen verzichten. Geben Sie einem Mitarbeiter die Chance, Sie würdig zu vertreten. Lassen Sie ihn anschließend berichten.

- *Gibt es vermeintliche Chefaufgaben, die eigentlich Fachaufgaben sind, die Sie aber noch selbst ausführen – zum Beispiel Pläne erstellen, Zeichnen, Konstruieren?*
  Hier beginnt die fließende Grenze zu Ihren »Hobbys«. Wenn es früher zu Ihren Fachaufgaben als Fachkraft gehörte, zu zeichnen, zu konstruieren oder Pläne aufzustellen, dann hat Ihnen diese Tätigkeit bestimmt Spaß gemacht. Aber: Früher ist früher, heute ist heute. Sie sind als Führungskraft nun für das Erreichen

verantwortlich und nicht mehr für das Tun. Dafür haben Sie Ihre Mitarbeiter, die ein Recht darauf haben, von Ihnen mit verantwortungsvollen Tätigkeiten beauftragt und somit gefördert zu werden.

- *Gehen Sie selbst noch auf Messen, um Informationen zu beschaffen, oder lassen Sie sich die Daten von Ihren Mitarbeitern besorgen?*
So schön es auch sein mag, Kollegen aus früheren Zeiten auf den diversen Messeständen einmal wieder die Hand zu schütteln: Informationen, Preise und Ideen sollten Sie von einem Mitarbeiter auf der Messe beschaffen und bewerten lassen. Aufgrund dieser vorsortierten Informationen können Sie dann anschließend ganz unbefangen mit Ihren Gesprächspartnern in Kontakt treten und tiefer gehende Gespräche führen, die auf Messen ohnehin kaum möglich sind.

- *Treffen Sie noch alle finanziellen Entscheidungen selbst, oder haben Sie Ihren Mitarbeitern innerhalb vorgegebener Grenzen bereits Freiräume gewährt?*
Dürfen Ihre Mitarbeiter selbst über den Kauf von Bleistiften entscheiden, oder müssen solche Fragen noch von Ihnen persönlich entschieden werden? Mitarbeiter können meist besser planen und rechnen als von den Vorgesetzten erwartet. Warum auch nicht, denn in ihrem Privatleben verwalten sie ebenfalls ein Budget, das Familienbudget. Und wenn Sie Ihre Mitarbeiter in die »Zahlenspiele« des Unternehmens einweihen, werden Sie überrascht sein, wie verantwortungsbewusst mit dem Geld des Unternehmens umgegangen wird.

- *Kümmern Sie sich noch selbst um alle Fragen wie Lohn, Gehalt, Anzahl der Stunden und Urlaubsplanung, oder haben Sie hier bereits sinnvoll delegiert?*
Lohn und Gehalt werden in vielen Firmen immer noch »top secret« behandelt. Gegen diese Gepflogenheit zu verstoßen könnte

einen Knick in Ihrer Karriere zur Folge haben. Es gibt allerdings unterhalb dieser »Heiligen-Kuh-Ebene« weniger brisante Themen, deren Abstimmung und Regelung Sie delegieren können. Warum sollten Sie sich zum Beispiel mit der Urlaubsplanung Ihrer Mitarbeiter beschäftigen? Bei diesem Thema stellen Sie übrigens sehr schnell fest, ob sich Ihre Mitarbeiter tatsächlich als Team fühlen oder sich nur Team nennen.

- *Kümmern Sie sich noch um jede Personaleinstellung selbst, oder konnten Sie auch hier bereits Verantwortliche auswählen?*
  Abhängig von der Größe Ihrer Abteilung ist es durchaus denkbar, dass Sie die Einstellung neuer Mitarbeiter delegieren. Es gibt Abteilungen, in denen die Mitarbeiter über die Einstellung von neuen Kollegen mitentscheiden können; hier wurde die Verantwortung für das Funktionieren der Abteilung auf alle Beteiligten verteilt. Ein interessanter Ansatz, der in der Praxis viel besser funktioniert als von manchen Berufsskeptikern befürchtet.

- *Bearbeiten Sie Bonus- oder Gewinnbeteiligungssysteme selbst, oder haben Sie diese Aufgabe an die Personalabteilung – oder an Ihre Mitarbeiter – delegiert?*
  Warum sollten Sie sich mit »Hygienefaktoren« wie Geld auseinander setzen? Egal, welchen Weg Sie wählen: entweder besitzt die Personalabteilung die besseren Werkzeuge für solche Entscheidungen, oder die Mitarbeiter verfügen über den notwendigen »Gerechtigkeitssinn« zur Verteilung des Kuchens.

- *Zeichnen Sie noch alle Geschäftsreisen oder Spesenabrechnungen selbst ab, oder haben Sie hierfür einen Verantwortlichen ausgewählt?*
  Wollen Sie wirklich genau wissen, um wie viel Uhr jemand eine Dienstreise antrat und mit wem er in welchem Restaurant welches Menü zu sich nahm, oder sind Sie lediglich daran interessiert, dass Ihre Abteilung »läuft«? Die Kontrolle der Einhaltung

der jeweiligen steuerlichen Rahmenbedingungen für Dienstreisen können Sie durchaus einem Mitarbeiter überlassen.

- *Erstellen Sie alle Angebote noch selbst, oder haben Sie die Erstellung und die Kontrolle an zwei andere Personen delegiert (einer erstellt, der Zweite prüft nach)?*

Auch wenn Sie in der Anfangsphase Ihrer beruflichen Tätigkeit der Einzige waren, der Angebote fachlich korrekt erstellen konnte, so sollten Sie diese Phase mittlerweile überwunden haben. Keine Tätigkeit kann so kompliziert sein, dass sie nicht auch von Ihren Mitarbeitern ausgeführt werden könnte.

Dies sind nur einige Anregungen, um Sie zu ermuntern, Ihre Routinearbeiten kritisch zu betrachten und sich die einfache Frage zu stellen: »Muss ich das eigentlich machen, oder könnte das ein anderer genauso gut erledigen?« Bei dem einen oder anderen Punkt könnten Sie vielleicht gegen bestehende Firmenrichtlinien verstoßen, wenn Sie Arbeiten und Verantwortung delegierten. An dieser Stelle sollten Sie als Führungskraft ruhig auch einmal die Sinnhaftigkeit und Berechtigung von Richtlinien infrage stellen und überprüfen. Viele Regeln stammen aus der Gründerzeit von Unternehmen, aus Zeiten, in denen es weniger ausgeklügelte Hilfsmittel gab – und mehr Vorgesetzte als Führungskräfte. In der Politik gibt es den Begriff des »mündigen Bürgers«. Sorgen Sie dafür, dass es mehr »mündige Mitarbeiter« gibt.

Gerade bei wiederkehrenden, gleichartigen Tätigkeiten bietet sich die Chance zum Delegieren – selbst wenn Spezialkenntnisse verlangt werden. Ausarbeitungen, Analysen, kurz: alle Arbeiten, die zeitintensiv sind, eignen sich zum Abgeben. Sie sollten sich bei diesen Überlegungen auch immer die Frage stellen, ob bei jeder Aktivität 100 Prozent Präzision erforderlich sind. Denn bei vielen Tätigkeiten kann eine gewisse »Unschärfe« folgenlos akzeptiert werden – im Interesse einer schnelleren Abwicklung.

Beispiel

Ein großer Elektronikversender hat mit dem Aufbau seines Internet-Shops nicht die fachlich versiertere EDV-Abteilung beauftragt, sondern die Marketingabteilung. Die Begründung: »EDV-Leute wollen alles zu 100 Prozent erledigen, das dauert viel zu lange. Marketingleute arbeiten mit maximal 98 Prozent Genauigkeit, sind dafür schneller.« Und darauf kam es an: auf die Geschwindigkeit, darauf, schnell im Markt zu sein.

Selbstverständlich werden Sie bei jedem einzelnen Punkt die möglichen Konsequenzen Ihrer Entscheidung bedenken, eine Risikoabwägung treffen. Sie werden aber immer wieder feststellen, dass die meisten Dinge ebenso gut laufen, wenn sie von anderen Personen ausgeführt werden. Manchmal sogar besser.

Rasch auf Veränderungen reagieren

Gerade wenn Sie in einer Branche arbeiten, die sich durch starkes Wachstum oder schnelle Veränderungen auszeichnet, sind Sie gezwungen, sich zu fragen: »Welche Entwicklungen kommen noch auf mich zu?«, und: »Wer könnte mich entlasten?« Weil sich die Änderungsgeschwindigkeit auf dem Markt erhöht, müssen Firmen schneller und flexibler auf Veränderungen reagieren können. Das setzt voraus, dass sich die Verantwortlichen in Unternehmen immer häufiger Gedanken machen müssen über die Frage: »Was könnte als Nächstes auf uns zukommen?« Zur Beantwortung solcher Fragen benötigt man Zeit und Ruhe. Es gelingt nicht, grundlegende Überlegungen über Strategien in der Zukunft parallel zum Tagesgeschäft auszuarbeiten. Dazu sind freie Zeiträume erforderlich, in denen Sie auch einmal verschiedene Szenarien der Zukunft durchspielen und durchdenken können. Diese Zeiträume können Sie sich nur schaffen, wenn Sie Aufgaben delegieren, Arbeit an andere abgeben.

Krisen bewältigen

Spätestens beim Auftreten einer Krisensituation wird jedem klar, wie hilfreich Delegieren ist – wenn es vorher geübt wurde. Nehmen wir als Beispiel die Feuerwehr. Sei es bei einem Unfall oder einem Brand, es wird immer eine zentrale Stelle geben, die Teilaufgaben an die einzelnen Spezialisten vergibt. Damit sorgt sie dafür, dass alle erforderlichen Aktivitäten parallel ablaufen, um das gemeinsame Ziel zu erreichen: die Beseitigung der Unfallstelle, die Rettung der Verletzten oder das Löschen des Brandes. Der effektive Einsatz aller Beteiligten ist allerdings nur möglich, wenn vor der Krise bereits gemeinsam geübt wurde. Im Notfall lässt sich nicht gut üben. Deshalb muss jedem Beteiligten seine Rolle und seine Aufgabe vorher klar vermittelt werden, die notwendige Sicherheit vorher eingeübt werden.

Stellen Sie sich vor, es passieren mehrere Dinge gleichzeitig: Personalausfall, Probleme mit Zulieferern, was immer an Unvorhergesehenem auf eine Führungskraft einströmen kann. Wären Sie in einer solchen Situation in der Lage, ruhig, besonnen und zielgerichtet die zu erledigenden Aufgaben an Ihre Mitarbeiter zu verteilen und sich zurückzulehnen? Oder müssen Sie Ihre Familie darauf vorbereiten, dass Sie in den nächsten Tagen nur noch sporadisch zu Hause zu sehen sind? Wäre es dann nicht beruhigend, wenn Sie in Ihrem Bereich Mitarbeiter hätten, die Ihnen eigenverantwortlich einige der Probleme abnehmen könnten? Fangen Sie bereits heute damit an, Ihre Krisenmannschaft aufzubauen.

Delegieren hilft Ihnen übrigens nicht nur im Berufsleben. Sollten Sie in einem Verein oder Verband ein Ehrenamt ausüben, dann gehören Sie zu den »Auserwählten«, an denen meist jede Arbeit hängen bleibt. Warum muss das eigentlich so sein? Delegieren Sie, geben Sie ab an andere Vereinsmitglieder. Prüfen Sie, was andere schneller oder besser erledigen könnten. Behalten sollten Sie lediglich die Aufgaben, die unmittelbar an Ihre Person oder Rolle als Vorstandsmitglied gebunden sind. Ansonsten binden Sie andere ein und erleichtern sich so die Arbeit.

Beispiele aus Unternehmen

In der Wirtschaft gibt es täglich Beispiele für erfolgreiches Delegieren und für Situationen, in denen der Prozess des Delegierens nicht das gewünschte Resultat bringt. Wie erfolgreich ein Unternehmen operiert, hängt von vielen Faktoren ab. Läuft alles gut, dann wird dieser »Normalfall« in der Regel kommentarlos zur Kenntnis genommen. Gibt es aber Schwierigkeiten bei der Erreichung der Umsatz- oder Gewinnziele, werden meist zuerst der Markt, der Wettbewerb, die Kostensituation und neuerdings auch noch die Globalisierung als Hauptgrund für wenig erfolgreiches Wirken genannt. Diese Argumentation übersieht einen enorm wichtigen Faktor: Unternehmensführung ist in erster Linie Menschenführung. Gerade in Zeiten, in denen Unsicherheit über die Zukunft von Arbeitsplätzen ein aktuelles Pressethema darstellt, ist die Bereitschaft der Mitarbeiter, sich mit all ihren Ideen voll in ein Unternehmen einzubringen, die beste Garantie für eine erfolgreiche Zukunft. Gleichzeitig ist bei den Mitarbeitern eine verminderte Risikobereitschaft zu spüren. Die vorherrschende Grundstimmung ist eher durch verhaltenes und abwartendes Taktieren gekennzeichnet. Die persönliche Risikobereitschaft nimmt ab. Umso wichtiger ist es deshalb für ein Unternehmen, für ein angstfreies Klima zu sorgen und die Reserven der Mitarbeiter zu aktivieren.

Nun gibt es Unternehmen, die eine ausgesprochene Kultur des

Delegierens pflegen, und andere, in denen jeder Schritt »von oben« abgesegnet werden muss. Die Unternehmensgröße spielt dabei erstaunlicherweise weniger eine Rolle. Es ist tatsächlich eine Frage der Firmenkultur – ohne hier eine Bewertung treffen zu wollen, welcher Stil »besser« oder »schlechter« ist. Die Entscheidung über Erfolg oder Misserfolg eines Unternehmens trifft ohnehin der Markt.

Microsoft zum Beispiel galt lange Zeit als eine »Zwei-Mann-Show« – ohne jegliche Delegation. Bis vor wenigen Jahren, so der Marketingchef des Software-Giganten, seien alle Microsoft betreffenden Akten und Zahlen auf dem Schreibtisch von Bill Gates und Steve Ballmer gelandet. Der Verkaufschef für die USA und Lateinamerika wertete es als Erfolg, als ihm erlaubt wurde, 15 technische Spezialisten einzustellen, ohne – wie früher üblich – Ballmer vorher um Erlaubnis zu fragen. Die Programmzeilen, die der erste Programmierer von Microsoft erstellte, wurden von Bill Gates noch eigenhändig Zeile für Zeile nachgeprüft. Ein Unternehmen kann also auch erfolgreich sein ohne eine klassische Delegationskultur. Insider behaupten allerdings, dass viele Produkte noch schneller auf den Markt gekommen wären, wenn mehr delegiert worden wäre.

Ein Unternehmen mit einer gänzlich anderen Delegationskultur ist die Firma Gore. Hier sorgen Teamleiter dafür, dass alle Teammitglieder in Freiheit arbeiten können. Freiheit heißt hier, mit einer Aufgabe wachsen zu können, weitere Fähigkeiten zu entwickeln und sich selbst zu verwirklichen. Es wird von den Mitarbeitern erwartet, dass jeder neben seiner Basisaufgabe noch zusätzliche Aufgaben, Commitments genannt, übernimmt. Wer Probleme für das Unternehmen sieht, erklärt sich für deren Lösung verantwortlich, wer Chancen sieht, versucht andere zu begeistern. In Eigenverantwortung setzt er sich selbst einen Zeitrahmen und ein Ziel für diese Aufgaben. Nicht überraschend, dass solche Unternehmen eine starke Anziehungskraft auf fähige Mitarbeiter ausüben.

Beispiele aus der Politik

Betrachten wir das Wort »delegieren« einmal in einem anderen Zusammenhang, nämlich der Politik. Hier zeigt sich, dass die Tätigkeit des »Delegierens« im Funktionsbegriff »Delegation« enthalten ist. Beinahe täglich besucht eine Delegation ein anderes Land, um sich über die dortigen Besonderheiten zu informieren. Es werden also einige Leute auserwählt mit dem Auftrag, Informationen zu beschaffen und nach Rückkehr darüber zu berichten. Der Grad der Verantwortung der Auserwählten ist relativ gering, denn es wird von Ihnen keine »entscheidende« Aktivität erwartet, sondern lediglich das Sammeln von Informationen.

Eine weitere Stufe des Delegierens ist die Entsendung einer Delegation mit dem Ziel, ein vorher festgelegtes Verhandlungsergebnis zu erreichen. Hier ist die Verantwortung der Delegierten bedeutend größer, denn im Laufe der Verhandlung werden sich immer wieder neue Aspekte ergeben, welche die Delegierten zum flexiblen Reagieren und Taktieren zwingen werden. Das bedeutet, dass die Delegierten im Vorfeld über das gesamte Umfeld des Themas Bescheid wissen müssen, um dann im Sinne des Auftraggebers eine verbindliche Entscheidung herbeizuführen. Bei Verhandlungen über Wirtschaftsabkommen, Friedensverträge, Territorialfragen und Verkehrsabkommen gehen die Verhandlungspartner, die Delegierten, mit allen erforderlichen Vollmachten versehen in die Gesprächsrunden. Der Entsender hat volles Vertrauen in die Fähigkeiten seiner Delegierten, sonst hätte er sie nicht mit dieser verantwortungsvollen Aufgabe betraut.

Klassische Beispiele sind auch die regelmäßig ablaufenden Tarifverhandlungen der verschiedenen Gewerkschaften und Arbeitgeberverbände, bei denen die Delegationen gelegentlich an die Grenzen des vorgegebenen Spielraum stoßen und sich dann bei ihren Auftraggebern neue, erweiterte Entscheidungskompetenzen holen. Ein Delegierter, der weit über seine Entscheidungskompetenzen hinaus eine Vereinbarung trifft, die sein Auftraggeber nicht akzeptiert, wird in Zukunft mit solchen Aufgaben nicht mehr betraut werden. Er hat den ihm zur Verfügung gestellten Spielraum verlassen und seine Kompetenzen überschritten, er ist zu weit gegangen. In der Praxis kommen solche »Grenzüberschreitungen« allerdings kaum vor, das Risiko, dass jemand seine Kompetenzen überschreitet, ist vernachlässigbar gering. Das Sicherheitsdenken überwiegt meist die Risikobereitschaft.

Denken Sie bei Ihren Delegationsentscheidungen immer mal wieder an diese Beispiele. Sorgen Sie dafür, dass Ihre Mitarbeiter zukünftig mit ausreichend Kompetenzen ausgestattet, gleichzeitig aber auch über die äußersten Grenzen informiert sind. Jeder muss wissen, wo sich die »Waterline« des gemeinsamen Bootes befindet.

Kapitel 7

Wie würden Sie entscheiden?

Kapitelüberblick

Aufgaben aus verschiedenen Bereichen
mit Checklisten zur Entscheidungsfindung

Die Beispiele im Einzelnen

Aufgaben aus verschiedenen Bereichen mit Checklisten zur Entscheidungsfindung

In diesem Kapitel finden Sie Aufgabenstellungen aus verschiedenen Bereichen. Versuchen Sie anhand der geschilderten Daten und mithilfe der Checklisten, Lösungen zu finden, die Ihnen Zeit sparen und Ihren Mitarbeitern die Möglichkeit geben, sich weiterzuentwickeln, sich zu verbessern. Es gibt ebenso wie bei den meisten Aufgaben und Problemen im Alltag immer mehr als eine Lösungsmöglichkeit. Unser Ziel ist es, Sie anhand der Übungen »über den Tellerrand hinaus« denken zu lassen, um auch einmal mit weniger konventionellen, dafür kreativeren Ideen Ihre Führungsaufgabe gestalten zu können.

Zu den einzelnen Übungen können Sie je nach Fallbeispiel folgende Checklisten zu Hilfe nehmen. Sinn und Zweck dieser Checklisten ist es, sich mit möglichst vielen Parametern im Vorfeld des Delegierens zu beschäftigen, um anschließend so wenig wie möglich Rückfragen oder sogar »Rückschläge« zu erleben.

Checkliste Aufgabenverteilung

Lfd. Nr.	Aktivität	An wen?	Bis wann?	Voraussetzungen

Checkliste Aufgabenbewältigung

Fragen zu den Personen Wer kann die Aufgabe erledigen?	
Was spricht dafür/dagegen, dass dieser Mitarbeiter die Aufgabe erledigt?	
Sind die erforderlichen Kenntnisse/ Qualifikationen vorhanden?	
Wenn nein, was muss vorher noch verändert werden?	
Welche Informationen müssen noch beschafft beziehungsweise bereitgestellt werden?	
Fragen zum Ablauf In welche Schritte kann der Ablauf zerlegt werden?	
Wie viel Zeit ist für die einzelnen Schritte erforderlich?	
Wann ist der absolute Endtermin?	
Welche Erfahrungen aus ähnlichen Projekten können genutzt werden?	
Eventuell auftretende Probleme An welchen Schnittstellen können »Reibereien« entstehen?	
Wo kann hinderliches Abteilungs- denken die Koordination beein- flussen?	

Wo können Abspracheprobleme mit Kollegen auftreten?	
Wo könnte Doppelarbeit entstehen?	
Wo gibt es Ressourcenprobleme?	
Welche sonstigen Probleme könnten auftreten?	
Meine Lösungsansätze:	

Die Beispiele im Einzelnen

Die attraktive Autowerkstatt

Sie sind Kraftfahrzeugmeister in einem mittelgroßen Autohaus mit angeschlossenem Servicebereich. Ihr Chef, der Inhaber des Unternehmens, macht sich derzeit Gedanken, welche Auswirkungen die Liberalisierung des Automarktes in Zukunft auf seinen Geschäftsbetrieb haben könnte. Ihm ist klar, dass künftig die Kunden noch mehr als in der Vergangenheit über den Erfolg eines Automobilhauses entscheiden. Er möchte deshalb den potenziellen Auftraggebern ein noch attraktiveres Serviceumfeld bieten und bittet Sie anlässlich der wöchentlichen Besprechung um Ihre Mithilfe. »Sie haben doch immer so gute Ideen. Machen Sie sich doch bitte einmal Gedanken, wie wir unser Unternehmen in Zukunft so präsentieren können, dass Kunden und Interessenten sich sofort bei uns wohl fühlen.«

So sehr das Lob Ihres Chefs Sie auch freut, Sie sind im Moment ausgelastet durch eine länger dauernde Rückrufaktion eines Automobilherstellers. Für andere Tätigkeiten ist deshalb eigentlich keine Zeit vorhanden. Sie wissen nicht, wann Sie sich mit diesem offenbar doch weniger dringenden Thema Ihres Chefs auseinander setzen sollen. Wie gehen Sie das Thema an?

Kundenzufriedenheit per Telefon

Gelegentliche Äußerungen aus Ihrem Verkaufsaußendienst signalisieren, dass Ihre Kunden offenbar doch nicht so zufrieden sind wie von Ihnen als Verkaufsleiter gewünscht. Mal ist es die Produktqualität, über die man sich beschwert, mal sind es die Lieferzeiten, die moniert werden – für Sie entsteht aus diesen Teilaussagen allerdings kein schlüssiges Bild. Sie benötigen mehr Informationen. Da Sie diese Informationen möglichst schnell auf Ihrem Tisch sehen wollen, beschließen Sie eine telefonische Umfrage bei einem ausgewählten Kundenkreis – eine Arbeit, die nicht eine Person alleine erledigen kann. Das ist eine klassische Aufgabe zum Delegieren, denn die Aufgabe erfordert Unterstützung und Hilfe durch andere. An wen könnten Sie was delegieren, und wie müsste der Delegationsvertrag aussehen?

Der Messebesuch

Für den Versand Ihrer Drucksachen und Massenmailings benötigen Sie innerhalb der nächsten sechs Monate eine neue Falz- und Kuvertieranlage. Dazu müssten Sie sich auf der nächsten Fachmesse mindestens drei Tage Zeit nehmen, um sich über die infrage kommenden Produkte zu informieren. Da gerade während dieser Messezeit wichtige Auslandsbesuche in Ihrem Haus anstehen, sind Sie wegen Ihrer guten persönlichen Kontakte zu den Besuchern und Ihrer hervorragenden Sprachkenntnisse für Ihren Chef unentbehrlich. Seine Frage: »Müssen Sie denn unbedingt selbst auf die Messe gehen?« brachte Sie auf die Idee, den Messebesuch einfach an jemanden zu delegieren. Wer kommt dafür infrage, und wie sollte der Delegationsvertrag aussehen?

Checkliste					

Planung von Messebesuchen					
Firma	Stand	Ansprechpartner	Ziel des Besuchs	Welche Informationen sind zu beschaffen?	Resultat des Besuchs

Die Präsentation

Es ist ein offenes Geheimnis in Ihrer Firma, dass Präsentationen vor Kunden zu einem Ihrer beruflichen Hobbys gezählt werden dürfen. Keiner macht es so professionell und überzeugend wie Sie. Auf diesem Gebiet gelten Sie als unentbehrlich. Wegen wichtiger Kundenbesuche und Ihren dabei geforderten Präsentationsfähigkeiten haben Sie schon den einen oder anderen geplanten Kurzurlaub verschieben müssen. Die Frage Ihrer Ehefrau: »Was macht deine Firma eigentlich, wenn du einmal krank bist?« setzte einen nützlichen Denkprozess bei Ihnen in Gang, und Sie entscheiden: »Ich werde die Präsentationen an einen meiner Mitarbeiter delegieren.« Die Frage ist, an wen, und wie sollte die Vereinbarung aussehen?

Die Dekoration im Supermarkt

Sie sind Leiterin eines Supermarktes. Ein Job, der Ihnen gefällt, weil Sie trotz der Zugehörigkeit zu einer großen Handelskette in Ihrem Markt vor Ort recht viel selbst entscheiden können. Die wöchentlichen themenbezogenen Dekorationen im Eingangsbereich gehören zu Ihrer Spielwiese, auf der Sie Ihre Kreativität voll entfalten können. Durch organisatorische Änderungen im Unternehmen bleibt Ihnen allerdings für diese Arbeit immer weniger Zeit, andere Aufgaben sind für den Erfolg des Marktes wichtiger geworden. Sie – und auch Ihre Kunden – möchten aber nicht auf das nette Ambiente in Ihrem Markt verzichten. Die Aufgabe soll also von jemand anderem übernommen werden. Wenn Sie Ihre dünne Personaldecke anschauen, dann fällt es Ihnen allerdings sehr schwer, eine Entscheidung zu treffen, denn alle Mitarbeiter sind recht gut ausgelastet. Wer soll in Zukunft die Dekoration übernehmen, und welche Vereinbarung muss getroffen werden?

Der Kauf der Software

Sie schieben die Entscheidung schon lange vor sich her, obwohl die Investitionssumme in Ihrem Budget bereitsteht: Ihre Abteilung braucht eine neue Software zur Pflege und Verwaltung der Kundendaten. Ein erster flüchtiger Blick ins Internet zeigt Ihnen, dass die von Ihnen geforderten Aufgaben von etwa 18 verschiedenen Anbietern abgedeckt werden können. Sie haben also die Qual der Wahl. Wenn Sie sich jetzt, wie in der Anfangszeit Ihrer beruflichen Laufbahn, als es allerdings höchstens fünf Anbieter auf dem Markt gab, tagelang mit dem Vergleichen der unterschiedlichen Angebote beschäftigen und noch einige Referenzinstallationen besichtigen wollen, dann wissen Sie, dass Ihre eigentliche Arbeit im Unternehmen liegen bleibt. Sie möchten die Aufgabe abgeben. Wer kommt dafür infrage, und was muss alles dabei beachtet werden?

Lockere Sprüche im Hotel

Als Leiterin eines Hotels mit 250 Betten haben Sie Ihren Mitarbeitern und Mitarbeiterinnen freie Hand gegeben, auf kleinere Kundenwünsche und Reklamationen sofort eigenständig zu reagieren und zu entscheiden. Ihren Mitarbeitern macht diese Entscheidungsfreiheit viel Spaß, sie fühlen sich als Mitunternehmer im Unternehmen. Das Betriebsklima in Ihrem Haus gilt als sehr gut, Sie verfügen über einen großen Stammkundenkreis, der für eine gute Auslastung des Hauses sorgt. Ihre Kunden sind Reisegruppen wie Kegelclubs und Teilnehmer von Betriebsausflügen, eine Klientel, die sich in einem lockeren Klima recht wohl fühlt. Bisher waren Sie überzeugt davon, dass Ihre Führungsphilosophie Sie stark entlastet, weil Ihre Mitarbeiter selbstständig operieren können. Ein paar Zwischenfälle in den letzten Wochen lassen Sie jedoch darüber nachdenken, ob Sie Ihren Mitarbeitern nicht vielleicht doch zu viel Freiheit übertragen haben. Einige Hotelgäste, die in einem in der Nähe neu aufgebauten Industriepark öfter beruflich zu tun haben, beschwerten sich nämlich über die etwas lockere und burschikose Art und Weise Ihrer Mitarbeiter. Die »Sprüche« und Bemerkungen, die bei Kegelclubs gut ankamen, wurden von der Geschäftswelt eher als deplatziert empfunden. Haben Sie den Mitarbeitern etwa zu viel Entscheidungsbefugnisse und Verantwortung delegiert? Sollten Sie vielleicht einige der Freiheiten wieder zurücknehmen und einen neuen Delegationsvertrag ausarbeiten? Wie gehen Sie vor?

Mehr Kunden durch mehr Attraktivität

Sie sind Inhaber eines kleinen Restaurants mit etwa 70 Plätzen. An der Besucherfrequenz und den Umsatzzahlen stellen Sie fest, dass Ihr Unternehmen bereits bessere Zeiten erlebt hat. Sie stellen ferner fest, dass bei Kollegen Ihrer Branche die Anzahl der Gäste immer dann anstieg, wenn etwas Neues geboten wurde. Bei der kritischen Betrachtung Ihrer Räumlichkeiten, des Mobiliars und der Anordnung der Tische fällt Ihnen auf, dass eine Änderung Ihrem Lokal bestimmt gut täte. Die Kosten für einen professionellen Ausrüster und Umgestalter wollen Sie derzeit aber nicht aufbringen. Sie überlegen, wie Sie mit der Erfahrung und dem vorhandenen Know-how Ihrer Mitarbeiter hier eine preisgünstige Alternative entwickeln können. Wen können Sie mit welcher Aufgabe betrauen, und was muss vereinbart werden?

Der neue Schulungsraum

Sie sind Abteilungsleiter in einem Unternehmen, das aufgrund einer wachsenden Produktpalette vom Kundenkreis immer häufiger dazu animiert wird, weitergehende Schulungen für den Einsatz der neuen Produkte anzubieten. Sie haben in Ihrem Gebäude zwar einen Schulungsraum, aber der wurde bisher nur für interne Weiterbildungsmaßnahmen und Konferenzen genutzt. Diesen Raum können Sie in dieser Form zahlenden Kunden nicht zumuten, er muss verändert werden. Ihr Chef hat Ihnen gegenüber bereits eine Andeutung gemacht: »Da müssen wir irgendetwas tun.« Aufgrund Ihrer Erfahrungen mit Ihrem Vorgesetzten wissen Sie, dass das Wort »wir« immer seinen jeweiligen Gesprächspartner meint, also in diesem Fall Sie. Da Sie persönlich keine Schulungen durchführen, sind Sie über die räumlichen und technischen Anforderungen für einen solchen Raum nicht informiert. Sie müssten sich also jetzt zum Beispiel bei anderen Unternehmen informieren, wie dort solche Räume gestaltet sind. Genau genommen haben Sie aber keine richtige Lust, sich mit dem Thema zu beschäftigen. An wen könnten Sie den Job delegieren, und was muss geklärt werden?

Wer schreibt die Bedienungsanleitung?

Als Gruppenleiter in einem Softwarehaus sind Sie nicht nur für die ordnungsgemäße Funktion der in Ihrer Abteilung erstellten Programme verantwortlich, sondern auch für die verständliche Dokumentation für den Anwender, den Kunden. Die Programme wurden zwar in der Vergangenheit dokumentiert, waren aber für die Benutzer wenig verständlich. Dadurch gab es immer wieder Reklamationen aus dem Kundenkreis. Der bisher für die Dokumentation zuständige Mitarbeiter hat, wie er auch offen zugibt, diesen Job ungern gemacht. Auch der Besuch eines Kurses, auf dem die Erstellung von Manuskripten gelehrt wurde, half nicht sehr viel. Die Stärke des Mitarbeiters ist eben das Programmieren, und nicht das Schreiben von Texten. Wer könnte die Aufgabe übernehmen, und welche Voraussetzungen müssen geschaffen werden?

Das Büromaterial ist zu teuer

Als Inhaberin eines kleinen Schreibbüros mit fünf Mitarbeitern sind Sie selbstverständlich sehr kostenbewusst, denn für den Erfolg des Unternehmens sind Sie persönlich haftbar. Der Verbrauch an Schreibmaterial, vor allem Druckerpapier, stieg aufgrund der mittlerweile recht guten Auslastung immens an. Ihre Mitarbeiter können eigenverantwortlich entscheiden, welches Verbrauchsmaterial wo bedarfsabhängig eingekauft wird. Sie haben zwar gelegentlich schon auf die gestiegenen Materialkosten aufmerksam gemacht, es ist Ihnen aber noch nicht gelungen, bei Ihren Mitarbeitern das richtige Kostenbewusstsein zu schaffen. Oft werden Ihre Hinweise abgetan mit der Bemerkung: »Ach, wegen der paar Cent.« Sie überlegen sich nun, wie Sie Ihren Mitarbeitern unternehmerisches Denken vermitteln können. Wie gehen Sie am besten vor?

Unsere Meetings

Manchmal nervt es Sie schon, wie viel Zeit Sie in Meetings und Konferenzen verbringen. Vieles von dem, was dort besprochen wird, ist für Sie zwar interessant, rechtfertigt aber nicht Ihre Präsenz während der gesamten Dauer der Versammlung. Warum sollten Sie nicht wenigstens zu einigen der Meetings einen »Abgeordneten« entsenden? Wer aber kann Sie dort würdig vertreten? Wer kommt dafür infrage, und was muss vereinbart werden?

Wenn Sie selbst als Veranstalter von Meetings aktiv sind, dann hilft Ihnen das folgende Einladungsformular, die Veranstaltungen effektiver durchzuführen. Jeder Teilnehmer weiß dann, was von ihm erwartet wird.

Checkliste

Einladung zum Hauptthema:	
Name:	
Abteilung:	
Ort des Treffens	
Uhrzeit Beginn	
Uhrzeit Ende	
Leiter	
Thema 1	
Ziel	
Thema 2	
Ziel	
Thema 3	
Ziel	
Teilnehmerkreis:	
Bitte folgende Unterlagen vorbereiten:	
Erstellt von:	
Rückfragen unter:	

Mach's einfach

Ihr Unternehmen zählt zu den ältesten und ehrwürdigsten in der Branche. Im Laufe der langen Firmengeschichte haben sich sehr viele Regelungen entwickelt, die bei genauer Prüfung heute geändert oder sogar eliminiert werden könnten. Ein neuer Mitarbeiter in Ihrer Abteilung, der noch nicht unter der die Kreativität bremsenden Betriebsblindheit leidet, entdeckt immer wieder unnötige Ablaufprozeduren und Schwachstellen in der Zusammenarbeit mit anderen Abteilungen. Diese Dinge sind zwar weithin bekannt, werden aber nicht als so gravierend betrachtet, als dass man sie unbedingt jetzt ändern müsste. Ihren neuen Mitarbeiter, der aus einem anders strukturierten Unternehmen zu Ihnen kam, scheinen diese Punkte offenbar sehr zu stören. Manchmal sind Sie versucht, ihm einfach zu sagen: »Dann ändern Sie doch einfach die Prozedur.« Da die Abläufe auch andere Abteilungen betreffen, besitzt der Mitarbeiter allerdings nicht die Befugnis, dort für Änderungen zu sorgen. Sie können die Aufgabe also nicht so ohne weiteres an ihn delegieren. Was können Sie tun, wie gehen Sie am besten vor?

Was passiert am Markt?

Für die Einführung eines neuen Produkts am Markt fehlen Ihnen noch einige Marktdaten, um die richtige Strategie auszuwählen. Die Beauftragung eines externen Marktforschungsinstitutes kommt aus Zeit- und Kostengründen nicht infrage. Einer Ihrer Mitarbeiter zeigt Interesse an dieser Tätigkeit, ihm fehlen jedoch die erforderlichen Erfahrungen, um diese Daten zuverlässig zu ermitteln. In einer Nachbarabteilung gibt es einen Mitarbeiter, der sich mit diesem Thema sehr gut auskennt, aus Kapazitätsgründen jedoch nicht für diese Aufgabe eingesetzt werden kann. Was können Sie an wen delegieren, und welche Absprachen sind zu treffen?

Raucher und Nichtraucher friedlich vereint?

Sie dachten immer, dieses Thema ginge an ihnen vorbei. Bedingt durch einen betriebsinternen Umzug und die Erweiterung Ihrer Abteilung müssen Sie sich allerdings jetzt doch der leidigen Frage stellen: Wie lassen sich die Interessen von Rauchern und Nichtrauchern vereinbaren? Vor dem Umzug saßen durch eine glückliche Fügung alle Raucher zusammen in einem Raum und alle Nichtraucher in einem anderen Raum. Doch nun sitzen militante Nichtraucher und passionierte Rauchentwickler gemischt zusammen. Die Nichtraucher berufen sich auf ihr Recht auf rauchfreie Zonen, und die Raucher berufen sich auf ihr Gewohnheitsrecht zur Entfaltung der freien Persönlichkeit und Kreativität. Man erwartet nun von Ihnen eine salomonische Entscheidung. Wer könnte Sie bei diesem Konflikt unterstützen, und gibt es überhaupt eine Möglichkeit, hier etwas zu delegieren?

Die Kosten müssen runter

Per Rundschreiben wurde allen Abteilungen mitgeteilt, dass aufgrund der angespannten wirtschaftlichen Lage, der zurückgegangenen Umsätze und der zu erwartenden tariflichen Erhöhung der Gehälter die Kosten pro Abteilung um sechs Prozent zu senken sind. Nun sitzen Sie da, betrachten sich Ihre Kostenstellenkalkulationen und sehen nicht den geringsten Ansatz, an welcher Stelle Sie etwas streichen können. Sie würden die Aufgabe am liebsten abgeben, aber die Verantwortung für Ihr Budget zählt zu Ihren Kernaufgaben. Gibt es eine Chance, mit Delegieren einer Lösung näher zu kommen?

Kapitel 8

Wie haben Sie entschieden?

Kapitelüberblick

Auflösung der Aufgaben, Kommentare und Tipps

Die Auflösungen im Einzelnen

Auflösung der Aufgaben, Kommentare und Tipps

In diesem Kapitel erhalten Sie die Auflösung der Aufgaben – besser gesagt Lösungsansätze für die Aufgaben. Denn jedes Unternehmen, jede Abteilung, jede Aufgabenstellung ist individuell zu betrachten. Auch Ihre Beurteilung einer Situation ist nicht immer gleich. Abhängig von Ihrer Tagesform, Ihrem Stress-Level und dem von Ihnen gefühlten Zeitdruck fallen Ihre Entscheidungen wahrscheinlich nicht immer mit derselben mathematischen Präzision aus. Gerade deshalb ist es so wichtig, dass Sie sich vor dem Delegieren über die verschiedenen Möglichkeiten Gedanken machen, über den »Best-Case«- und den »Worst-Case«. Spielen Sie Alternativen durch. Verlassen sie Ihre Vorgesetzten-Rolle, übernehmen Sie die Führer-Rolle. Führen heißt: mit gutem Vorbild vorangehen. Führen Sie Ihre Mitarbeiter zu mehr Eigenverantwortung und Engagement, indem Sie sie für die anstehenden Aufgaben begeistern. Indem Sie die Mitarbeiter noch mehr in das Unternehmen einbinden, geben Sie ihnen die Freiräume, die sie angstfrei nutzen können.

Die Auflösungen im Einzelnen

Die attraktive Autowerkstatt

Ist es nicht ein schönes Gefühl, dass Ihr Chef so viel Vertrauen in Ihre Kreativität setzt? Er hat Ihnen eine interessante Aufgabe delegiert. Er hat Ihnen allerdings nicht gesagt, bis wann er von Ihnen ein Resultat erwartet. Er hat Ihnen auch nicht gesagt, welches Resultat er erwartet, und er hat Ihnen nichts gesagt über Ressourcen und Hilfsmittel, die Ihnen zur Verfügung stehen. Genau genommen hat er Sie nur gebeten, sich Gedanken zu machen. In seiner Vorstellung allerdings erwartet er wahrscheinlich konkrete Pläne von Ihnen. Sie sehen aber keine verfügbare Zeit, solche Pläne auszuarbeiten. Die Basis für Enttäuschung auf der einen und Frust auf der anderen Seite ist also vorhanden. Aufgaben ohne Endtermin werden erfahrungsgemäß nie oder immer zu spät erledigt. Deshalb müssen Sie als Erstes für Klarheit sorgen: Was erwartet er von Ihnen bis wann, und was können Sie von ihm erwarten? Soll das Ganze zum Nulltarif stattfinden? Welche Mittel stehen Ihnen zur Verfügung? Und wenn Sie selbst keine Zeit haben, können Sie dann die Aufgabe weiterdelegieren? An wen? Wie sollte dann der Delegationsvertrag aussehen? Eine Menge Fragen, bevor Sie loslegen können.

Wahrscheinlich hat niemand in Ihrem Kollegenkreis eine Ausbildung als Innenarchitekt genossen. Es handelt sich also um ein vollkommen berufsfremdes Thema. Wer könnte sich trotzdem mit dem Thema beschäftigen? Genau genommen eigentlich jeder. Denn jeder tritt irgendwo als Kunde auf, hat seine eigenen Erfahrungen mit dem Ambiente in unterschiedlichen Geschäften gemacht und kann von daher schon recht gut beurteilen, wo es einem gefällt und wo nicht. Warum sollte sich nicht der neue Auszubildende einmal Gedanken über das Thema machen, warum sollte nicht die Sekretärin ihren Beitrag dazu leisten? Diese Arbeit erfordert weder Spezialwissen noch einen besonders großen Zeitaufwand. Informationen über das Thema lassen sich beschaffen aus Fachzeitschriften, Verbandszeitschriften, dem Internet, vielleicht aus Automobilzeitschriften oder ganz einfach aus dem Besuch anderer Autohäuser am Wochenende. Das könnte eigentlich jeder Mitarbeiter des Unternehmens während seiner Freizeit nebenbei erledigen. Auch eine Umfrage im jeweiligen Bekanntenkreis würde hier schon ganz gute Ansätze liefern. Es bietet sich also an, zum Beispiel in der Kaffeepause, das Thema mit allen Kollegen einmal anzusprechen. Wenn nämlich alle erkennen, dass es sich um ein Thema handelt, das alle betrifft, dann steigt die Bereitschaft, freiwillig einen Beitrag zu leisten. Damit haben Sie bereits Teilaufgaben delegiert, ohne formal eine Aufgabe übertragen zu haben. Nachdem Sie die Zeitvorstellungen Ihres Chefs abgeklärt haben, können Sie nun dem Auserwählten, zum Beispiel dem Azubi, Ihren Wunschtermin nennen, zu dem er alle von den Kollegen gelieferten Daten zusammengefasst und vorsortiert hat. Sie können sich dann in einer stillen Stunde mit Ihrem Chef zusammensetzen und das Material mit ihm gemeinsam durchgehen. Damit haben Sie den Auftrag erfüllt, sich »einmal Gedanken zu machen«. Vermutlich entstehen als »Abfallprodukt« so ganz nebenbei weitere Ideen und Denkansätze, die für die Zukunft des gemeinsamen Arbeitsplatzes hilfreich sein können.

Kundenzufriedenheit per Telefon

Auf jeden Fall sollten die Mitarbeiter, die mit der Ausführung beauftragt werden, gerne telefonieren. Das ist die erste Voraussetzung für eine solche Aktion, denn gerade am Telefon stellt der Gesprächspartner sehr schnell fest, ob dort ein Interessierter oder nur ein Beauftragter sitzt. Vor dem Beginn der Aktion muss ein Fragenkatalog ausgearbeitet werden, der die Sie interessierenden Fragen beinhaltet. Ebenso wie das Durchführen der Telefonate kann auch die Erstellung des Fragebogens delegiert werden. Ihre Aufgabe ist es lediglich, Ihre Wünsche und die Ziele der Aktion klar zu definieren. Gleichzeitig müssen Sie klären, wie es mit den Ressourcen aussieht. Sind genügend Telefone und freie Leitungen vorhanden? Gibt es Arbeitsplätze, an denen ungestört telefoniert werden kann? Wenn Sie den Mitarbeitern ausreichend Zeit zum Telefonieren geben, welche Arbeit bleibt unter Umständen liegen, und von dem wird sie dann erledigt? Wie viele Gespräche kann ein Mitarbeiter hintereinander führen? Sind die beauftragten Mitarbeiter überhaupt in der Lage, solche Gespräche zu führen? Wie soll bei kritischen Kunden reagiert werden? Müssen die Gespräche von Ihrer Abteilung durchgeführt werden, oder gibt es im Unternehmen andere qualifizierte Personen, die diese Arbeit übernehmen könnten? Wichtig ist während einer solchen Aktion, dass Sie sich nicht einmischen, dafür aber als Gesprächspartner und Helfer jederzeit zur Verfügung stehen. Von sehr hoher Symbol- und Motivationskraft ist es, wenn Sie selbst einige Gespräche, vor allem mit kritischen oder unzufriedenen Kunden, führen. Bei der Ressourcenermittlung kann sich auch herausstellen, dass das ganze Projekt mit den vorhandenen Kapazitäten nicht durchführbar ist und deshalb an ein externes Unternehmen delegiert wird – an ein Call-Center.

Der Messebesuch

Für diese Aufgabe sollten Sie jemanden auswählen, der technisch interessiert ist, Grundlagen der Frage- und Verhandlungstechnik beherrscht und professionell auftreten kann. Vor seinem Messebesuch sollte ein Anforderungsprofil ausgearbeitet werden, das alle für Sie wichtigen Punkte enthält. Das Anforderungsprofil sollte mit dem Delegierten in allen Einzelheiten durchgegangen werden, damit er bei seinem Messebesuch dasselbe Wissen wie sie besitzt – und die gleichen Fragen stellen kann. Er sollte auch mit adäquaten

Visitenkarten ausgerüstet sein und ausreichendes Wissen über die finanziellen Aspekte des Projekts besitzen. Wenn er nicht selbst der künftige Bediener der Anlage ist, dann wäre es eine gute Investition, wenn ihn die Person begleitet, die später mit der Maschine arbeiten wird. Durch eine solche »Wissenskombination« lassen sich bereits im Vorfeld sehr viele künftige Probleme eliminieren. Ihr Beauftragter kann bei seinem Besuch bereits die Randbedingungen eines Kaufvertrags ausloten. Das macht es für Sie bei den späteren Verhandlungen leichter, Ihre Vorstellungen einzubringen und durchzusetzen. Ganz nebenbei wird sich der Motivationsgrad des Mitarbeiters steigern durch die Übertragung einer für das Unternehmen wichtigen Aufgabe.

Die Präsentation

Hier wird es schwer sein für Sie, Ihren »Stellvertreter« auszuwählen, denn er muss Sie würdig vertreten, also mindestens genauso gut sein wie Sie. Die Anforderung lautet: Es muss ihm Spaß machen, vor anderen zu reden und (sich) zu präsentieren. Wenn er von Ihnen vorbereitete Präsentationen vortragen soll, dann muss er sich mit Stil und Inhalt sowie den Vorgaben identifizieren können. Kann er seine eigenen Präsentationen aufbauen, dann sollte er auf jeden Fall genügend darüber wissen, wie Zielgruppen identifiziert und angesprochen werden können. Wenn der Mitarbeiter ein PC-Freak ist, der alle Tricks und Finessen eines Powerpoint-Programms kennt und seinem Publikum vorführen möchte, dann werden Sie ihn vielleicht in seinem Eifer bremsen müssen. Es wäre dann keine schlechte Idee, ihm vorher die Teilnahme an einem Seminar zur Erstellung von erfolgreichen Präsentationen zu ermöglichen. Sein Publikum wird es ihm danken. Eine weitere Anforderung ist ausreichende Rhetorik-Erfahrung, um auch mit schwierigem oder kritischem Publikum umgehen zu können. Sie sollten ihm auf jeden Fall ausreichend Zeit lassen, die ersten zwei oder drei Präsentationen in Ruhe vor einem internen Teilnehmerkreis ausprobieren zu können.

Die Dekoration im Supermarkt

Wer könnte diese Aufgabe übernehmen? Eigentlich jeder, der ein Gespür für Optik und Gestaltung besitzt, der sich traut, auch einmal unkonventionelle Wege zu gehen, und der Spaß und Interesse an einer solchen Arbeit zeigt. In der Praxis sind hier Auszubildende am ehesten prädestiniert, solche Aufgaben zu übernehmen, denn bei ihnen sind die »spielerischen Elemente« noch nicht durch das tägliche Berufsleben verdrängt worden. Eine ideale Kombination stellt die Zusammenarbeit eines ganz neuen Mitarbeiters mit einem erfahrenen Kollegen dar. Dabei entstehen die größten Synergieeffekte. Wenn Ihnen das Risiko des Delegieren anfangs noch als zu groß erscheint, dann geben Sie den ausgewählten Mitarbeitern zum Probieren und Testen doch erst einmal »eine kleine Ecke«, in der sie ihre ersten Erfahrungen sammeln können. Bei der Frage nach der verfügbaren Zeit sollten Sie klare, realistische Zeitvorgaben machen und vermeiden, dass diese Nebenaktivität zu einer Hauptbeschäftigung mutiert. Für diese neue Aktivität müssen Sie den Mitarbeitern allerdings auch die notwendige Zeit einräumen, wobei Sie sehr schnell feststellen, dass Mitarbeiter, die Spaß und Freude an einer solchen kreativen Tätigkeit finden, nicht pünktlich am Feierabend ihre Aktivität einstellen. Der persönliche Ehrgeiz, eine solche aus dem normalen Arbeitsalltag herausragende Tätigkeit erfolgreich zu Ende zu führen, ist meist stärker als der Drang, pünktlich auf die Minute den Arbeitsplatz zu verlassen. Wenn es Ihnen dann noch dank Ihrer Überzeugungskraft gelingt, die Dekoration im wechselnden Turnus von unterschiedlichen Mitarbeitern gestalten zu lassen, vielleicht in Verbindung mit einer Prämierung (eventuell durch Ihre Marktkunden), dann werden auch Ihre nächsten Vorgesetzten Ihre Führungsqualitäten nicht übersehen können.

Der Kauf der Software

Es ist naheliegend, diese Aufgabe an jemanden zu delegieren, der später mit dem Programm auch regelmäßig arbeiten wird. Übergeben Sie die Aufgabe an diesen Mitarbeiter mit dem Auftrag, einen Anforderungskatalog zu erstellen sowie die Wünsche und Forderungen in Verbindung mit seinen Kollegen, die ebenfalls später mit dem Programm arbeiten werden, zusammenzustellen. Lassen Sie sich dann das Resultat seiner Vorarbeit präsentieren, überarbeiten Sie bei Bedarf die Zusammenstellung gemeinsam mit dem Mitarbeiter. Lassen Sie daraus eine Matrix entwickeln, in der er die Leistungsmerkmale der verschiedenen Anbieter einträgt. Nach Vergleich der unterschiedlichen Produkte lassen Sie sich von ihm eine Empfehlung geben, welche Software aus welchen Gründen für Ihre Anwendung am besten geeignet erscheint. Vor einer endgültigen Entscheidung können Sie dann gemeinsam mit Ihrem Mitarbeiter eine Referenzinstallation bei einem Kunden besuchen, um sich von der Richtigkeit der getroffenen Auswahl überzeugen zu können.

Lockere Sprüche im Hotel

Erst einmal herzlichen Glückwunsch dazu, dass Sie Ihre Mitarbeiter bevollmächtigt haben, Fragen im Servicebereich selbstständig zu entscheiden. Es gibt nichts Unangenehmeres und Hilfloseres als unzuständiges Personal in einem Hotelbetrieb, das sämtliche Entscheidungen erst einmal vom nächsten Vorgesetzten absegnen lassen muss. Es ging ja auch offenbar alles gut, bis sich eine Änderung in Ihrem Kundenkreis ergab, mit der die Mitarbeiter offenbar überfordert sind. Warum sollten Sie jetzt den Rückwärtsgang einlegen und den Verantwortungsbereich Ihrer Mitarbeiter reduzieren? Jetzt sind Sie als Führungskraft gefordert. Die gegenwärtig anstehende Aufgabe, Klarheit für die Zukunft zu schaffen, sollten Sie nicht delegieren. Setzen Sie sich mit Ihren Mitarbeitern zusammen und diskutieren Sie gemeinsam: Was ist in welcher Situation passiert, warum haben die Kunden so reagiert, und wie sollte die neue Klientel angesprochen werden? Sie können auch die Moderation solcher Zusammenkünfte an einen externen Fachmann delegieren, aber Ihre Teilnahme und Beteiligung an diesen Workshops ist unabdingbar. Ihre Mitarbeiter erwarten in einer solchen Situation nicht nur »Trost« und Unterstützung durch Sie, sondern sie möchten in Ihnen als Fachmann oder Fachfrau ein Vorbild sehen, dem sie nacheifern können.

Mehr Kunden durch mehr Attraktivität

Wer könnte Sie bei diesem Projekt unterstützen, an wen könnten Sie etwas delegieren? Wahrscheinlich war jeder Mitarbeiter bereits Gast in einem anderen Restaurant vor Ort oder an seinem Urlaubsdomizil, hat dort mit fachmännischem Auge Service und Ambiente wahrgenommen. Sprechen Sie deshalb mit Ihren Mitarbeitern über Ihre Vorstellungen und Pläne. Bitten Sie Ihre Mitarbeiter, in den nächsten Tagen alle ihre Beobachtungen und Ideen zu dem Thema einfach formlos auf einen Zettel zu schreiben. Wegen der Bedeutung auch für Ihre persönliche Zukunft sollten Sie das Projekt als Ihre Kernaufgabe ansehen und außer der Informationsbeschaffung keine weiteren Schritten delegieren. Sammeln, analysieren und gewichten Sie nun die einzelnen Daten, die Ihre Mitarbeiter Ihnen geliefert haben. Beschaffen Sie sich weitere Informationen über Berufsverbände, Fachzeitschriften oder das Internet. Wenn Sie dann Ihre Zielvorstellungen für die Neugestaltung des Restaurants formulieren können, dann ist der Zeitpunkt gekommen, wo Sie (sofern vorhanden) spezielles Know-how einzelner Mitarbeiter gezielt nutzen. Vielleicht können Sie auch einen Wettbewerb starten: Wer hat die besten (realisierbaren) Ideen? Warum sollten nicht die besonders kreativen Mitarbeiter einen Teil des Restaurants, eine Nische oder eine Ecke nach eigenen Wünschen gestalten können? Regen Sie Ihre Mitarbeiter zum »Spinnen« an, und werten Sie die besten Ideen aus. Ihre Mitarbeiter werden sich in den von ihnen mitgestalteten Räumlichkeiten bedeutend wohler fühlen und mit mehr Engagement die Kunden bedienen.

Der neue Schulungsraum

Hoffentlich haben Sie noch niemandem gesagt oder gezeigt, dass Sie keine rechte Lust haben, sich mit dem Thema zu beschäftigen. Dann nämlich würde das Delegieren dieser Aufgabe von den Mitarbeitern zu Recht als Abschieben eines lästigen Jobs beurteilt. Wenn Sie allerdings die Aufgabe mit dem Argument »verkaufen«, dass es besser geeignete Personen in der Abteilung für dieses Projekt gibt, dann wird Ihnen wohl kaum jemand unterstellen wollen, dass Sie sich vor der Aufgabe gedrückt haben. Am sinnvollsten ist es bei einer solchen Aufgabe, die Angelegenheit an die Person zu delegieren, die letztendlich am meisten von dem Resultat der Entscheidung profitiert. In diesem Fall wird es wohl der künftige Schulungsleiter sein. Nennen Sie ihm das verfügbare Budget, und informieren Sie ihn grob über Ihre Zielvorstellungen. Lassen Sie ihn Angebote einholen und sich bei anderen, vergleichbaren Unternehmen über bereits existierende Schulungsräume informieren. Sofern bereits vorhanden, geben Sie ihm alle Informationen, die Sie zum Thema bisher gesammelt haben. Vereinbaren Sie einen Zwischentermin oder direkt einen Abschlusstermin, an dem er Sie über den Projektfortschritt informiert. Je nach »Reifegrad« des Mitarbeiters können Sie ihm auch die volle Verantwortung übertragen: »Hier ist Ihr Budget, am 17.3. wird der Schulungsraum eingeweiht.« Bei dieser Vorgehensweise muss der Mitarbeiter allerdings sicher sein, dass er jederzeit bei Ihnen eventuell erforderliche Hilfe und Unterstützung erwarten kann.

Wer schreibt die Bedienungsanleitung?

Die Zeiten, als Bedienungsanleitungen notwendiges und lästiges Beiwerk waren, sind lange vorbei. Die Dokumentation ist ein integrierter Bestandteil des Produkts und muss denselben hohen Qualitätsstandard besitzen wie das Kaufobjekt. Das heißt, dass die Person, die künftig für die Dokumentation zuständig ist, mit Engagement und Begeisterung ihre Arbeit ausführen können sollte. Damit ist der infrage kommende Personenkreis bereits eingeschränkt. Der richtige Mitarbeiter muss jemand sein, der über didaktische Fähigkeiten verfügt. Er muss flüssig schreiben und einen Sachverhalt oder Vorgang so erklären können, dass ihn auch ein Laie versteht. Wenn Sie solche Personen in Ihrer Abteilung bereits beschäftigen, dann haben Sie einen Teil des Problems gelöst, nämlich das Schreiben. Der ausgewählte Mitarbeiter war aber vermutlich bislang nicht beschäftigungslos, sondern hat eine Tätigkeit ausgeübt, die jetzt ganz oder zum Teil von anderen übernommen werden muss. Sie sind jetzt am Punkt »Ressourcenverteilung« angelangt. Dadurch, dass Ihr Programmierer nun weniger zu tun hat, weil die Schreibarbeit von ihm genommen wurde, ergibt sich die Notwendigkeit, die Arbeitsverteilung und Arbeitsbelastung in Ihrem Team neu zu betrachten und zu strukturieren. Wenn Sie die Prüfung der Dokumentation auf Verständlichkeit an einen »Laien« innerhalb oder außerhalb der Abteilung delegieren, dann können Sie sehr schnell prüfen, wie zufrieden Ihr Kundenkreis mit der neuen Aufgabenverteilung sein wird.

Das Büromaterial ist zu teuer

Kleinvieh macht auch Mist. Viele Cent addieren sich im Lauf der Zeit zu vielen Euro. Wenn Sie regelmäßig lediglich Sparappelle verkünden, dann werden Sie eines Tages nicht mehr gehört, nicht mehr ernst genommen. Wenn sich hier etwas ändern soll, müssen Sie Betroffene zu Beteiligten machen. Eine Möglichkeit ist es, einem Mitarbeiter die Verantwortung für die Materialbeschaffung zu übertragen – und ihn vielleicht sogar an den Einsparungen prozentual zu beteiligen. Dieser Mitarbeiter könnte sich um die jeweils aktuellsten und preiswertesten Angebote kümmern und eine standardisierte Einkaufsliste erstellen. Noch besser wäre es allerdings, bei der überschaubaren Anzahl von Mitarbeitern bei jedem einzelnen ein ausgeprägteres Gefühl für Kosten entstehen zu lassen. Wenn Sie es dann schaffen, dass der Materialeinkauf zu einer Art »Kostensparwettbewerb« umfunktioniert wird, dann wird niemand das Thema als eine lästige Pflichtübung betrachten. Und bei Erreichen eines vorgegebenen Sparziels gibt es für alle eine kleine Anerkennung oder ein gemeinsames Essen.

Unsere Meetings

Wen sollten Sie auswählen? Es muss auf jeden Fall jemand sein, der gut zuhören kann und über analytische Fähigkeiten verfügt. Der Mitarbeiter darf nicht das Gefühl haben, dass ihm durch das Delegieren der Konferenzteilnahme Arbeitszeit fehlt und er deshalb sein Arbeitspensum nicht erledigen kann. Hier müssen Sie für Ausgleich sorgen. Dem Mitarbeiter muss auch klar sein, dass er Sie auf den Meetings vertritt und dementsprechend mit Kompetenzen ausgerüstet ist. Die Konferenzteilnehmer, die bisher gewohnt waren, dass Sie an den Meetings teilgenommen haben, müssen im Vorfeld informiert werden, dass Ihr Mitarbeiter Sie nun vertritt. Ihr Ziel sollte sein, dass alle Ihre Mitarbeiter (oder zumindest die meisten) im Turnus als Delegierter Ihrer Abteilung an solchen Meetings teilnehmen können.

Mach's einfach

Gut, dass Sie Ihrem Drängen nicht nachgegeben haben und den Mitarbeiter einfach zur Tat aufforderten – etwas, das in der Praxis leider immer wieder passiert. Ein Mitarbeiter kommt mit einem Verbesserungsvorschlag oder einer Reihe neuer, guter Ideen zu seinem Chef, präsentiert seine Ideen und erhält den gut gemeinten Rat: »Dann machen Sie es doch einfach.« Er erhält sozusagen als Belohnung für seine gute Idee die Aufforderung zur Tat gleich mitgeliefert, man gibt ihm ein Päckchen Mehrarbeit mit auf den Weg. Beim ersten Mal ist er vielleicht noch erfreut über so viel Vertrauen und macht sich an die Realisierung seiner Ideen. Wenn ihm dasselbe noch ein weiteres Mal geschieht, dann wird er sich aus Gründen des Selbstschutzes künftig mit der Äußerung neuer Ideen zurückhalten. Sein Kollegenkreis wird sich ebenso verhalten, wenn er weiß, wie die Reaktion des Vorgesetzten aussieht. Ein klassischer Führungsfehler: Wenn ein Mitarbeiter Ideen geäußert, die für gut befunden werden und realisiert werden sollen, dann muss gleichzeitig die Frage nach den zeitlichen Ressourcen gestellt werden. In unserem Beispiel kommt noch erschwerend hinzu, dass die Änderungen abteilungsüberschreitende Wirkungen hätten. In diesem Fall muss der Vorgesetzte ein Gespräch mit den Betroffenen der anderen Bereiche vereinbaren, um eine gemeinsame Zielsetzung festlegen zu können. Erst dann kann er die Aufgabe an den engagierten Mitarbeiter delegieren, ihm den Auftrag zur Koordination übertragen. Auch hier muss der auserwählte Mitarbeiter jederzeit das Gefühl haben, dass sein Chef ihn bei Bedarf tatkräftig unterstützt.

Was passiert am Markt?

Ihr Mitarbeiter ist interessiert und bereit, die Aufgabe zu übernehmen. Alles, was ihm noch fehlt, ist das richtige Handwerkszeug. Die Aufgabe jetzt an ihn zu delegieren wäre sehr unfair, ja zum Scheitern verurteilt. Sie müssen einen Interessenausgleich finden zwischen Ihrem Interesse, das Know-how der Nachbarabteilung zu transferieren, und dem Interesse der anderen Abteilung, ihre geplante Arbeit zu verrichten. Sie müssen also ein Gespräch initiieren zwischen Ihrem Abteilungsleiterkollegen, dem Mitarbeiter der anderen Abteilung und Ihrem Mitarbeiter. Bei diesem Gespräch muss festgelegt werden, in welcher Form der Mitarbeiter unterstützt werden kann und welche Manpower Sie der anderen Abteilung im Ausgleich zur Verfügung stellen können. Wenn dann die Randbedingungen geklärt sind, dann können Sie Ihren Mitarbeiter mit der Aufgabe beauftragen. Gleichzeitig bitten Sie alle Beteiligten, sich bei aufkommenden Schwierigkeiten oder Diskrepanzen sofort an Sie als den Initiator der Aktion zu wenden.

Raucher und Nichtraucher friedlich vereint?

Ein emotionsgeladenes Thema, bei dem die Objektivität häufig auf der Strecke bleibt. Wessen Problem ist es eigentlich? Ihr Problem oder das Problem der Mitarbeiter? Nun, da Sie auf der einen Seite Ihre Mitarbeiter für den Erfolg Ihrer Arbeit benötigen, müssen Sie für optimale Arbeitsbedingungen sorgen, denn sonst ist der Erfolg Ihrer Abteilung infrage gestellt. Auf der anderen Seite betrifft es direkt die Betroffenen, die (bösen?) Raucher und die (guten?) Nichtraucher. Wenn Sie einen Ihrer Mitarbeiter damit beauftragen würden, sich mit dem Problem zu beschäftigen, um eine Lösung zu finden, dann hätten Sie damit einen Sündenbock ausgewählt, der von beiden Seiten attackiert würde. Es handelt sich hier um eine Frage, die jeden Einzelnen betrifft. Deshalb soll jeder eigene Vorschläge zur Lösung des Problems machen. Zum Sammeln, Koordinieren und Vorsortieren der Vorschläge können Sie allerdings durchaus einen Mitarbeiter benennen, idealerweise Ihren Stellvertreter. Vielleicht müssen auch noch andere Stellen im Unternehmen zum Thema gehört werden, zum Beispiel Betriebs- oder Personalrat. Auf jeden Fall können Sie alle vorbereitenden Arbeiten vor der Entscheidungsfindung delegieren. Dazu gehören auch Kreativitätszirkel, die sich mit Fragen wie Pausenregelung, Raumteilung oder Arbeitszeitregelungen beschäftigen. Je nach Organisationsform in Ihrem Unternehmen bleibt allerdings die letzte Entscheidung Ihnen vorbehalten, diese Aufgabe können Sie nicht delegieren.

Die Kosten müssen runter

Dieses nicht ungewöhnliche Thema betrifft nicht nur das Management, sondern mittelfristig, manchmal sogar kurzfristig, alle Mitarbeiter einer Abteilung. Deshalb sollten Sie an jeden Mitarbeiter delegieren: »Bitte machen Sie sich Gedanken, welche Kosten an Ihrem Arbeitsplatz konkret eingespart werden können und welche möglichen Auswirkungen eine solche Sparmaßnahme auf die Menge oder Qualität der bisher geleisteten Arbeit haben wird.« Weiterhin können Sie das Zusammenstellen und Auswerten der von den Mitarbeitern gelieferten Daten an einen anderen Mitarbeiter delegieren. Vielleicht können Sie sich für eine unbefangene Betrachtung ohne Abteilungsblindheit einen Praktikanten »ausleihen«, der sozusagen »von außen« einen Blick auf die Abläufe wirft. Dieser Blick ist zwar nicht wissenschaftlich fundiert, gibt aber oft ganz interessante neue Denkansätze. Ihre Aufgabe ist es anschließend, die vorgetragenen Vorschläge und Bedenken zu analysieren und in einem gemeinsamen Gespräch offen mit den Mitarbeitern zu diskutieren. In diesem Gespräch sollte jeder Beteiligte alle für ihn relevanten Fragen stellen können. Gleichzeitig muss auch offen und angstfrei über eventuelle Konsequenzen bei Nicht-erreichen der Sparziele gesprochen werden. Wenn alle ein Problem als ein gemeinsames Problem ansehen, dann ist auch die Bereit-schaft zur gemeinsamen Problemlösung eher vorhanden.

Mitarbeiter wollen gefordert werden. Deshalb: haben Sie keine Angst zu delegieren. Geben Sie ab, und geben Sie anderen die Chance, sich zu entfalten.

Literatur

Bruce, Anne und Pepitone, James S.: *Mitarbeiter motivieren. Der Praxis-ratgeber für die neue Führungsposition*, Frankfurt/New York 2001.

Buckman, Rebecca: *Gates und Ballmer lernen delegieren*, in: www.pnn. de/archiv/2002/04/14/ak-wi-un-44625.html.

Correll, Werner: *Menschen durchschauen und richtig behandeln. Psychologie für Beruf und Familie*, Landsberg 2001.

Erichsen, Jörgen: »Aufgaben und Funktionen strategischer und operativer Controllinginstrumente«, in: *Deutsche Telekom Unterrichtsblätter. Die Fachzeitschrift für Aus- und Fortbildung*, Hrsg. Deutsche Telekom AG, Jg. 54, Heft 3/2001, Hamburg 2001.

Fritz, Roger: *Think Like A Manager*, Franklin Lakes 2001.

Ganowski, Christian, Ganowski, Franz-Josef und Joppe, Johanna: *Chefsache Privatleben. Mit Managementmethoden zur persönlichen Balance*, Frankfurt/New York 2001.

Gatto, Rex P.: *Der FAQ-Guide für Manager*, Landsberg 2001.

Goldfuß, Jürgen W.: *Schnellkurs Verhandeln*, Würzburg 2000.

- *Schluss mit Mobbing! Über Motive, Methoden und den Mut zur Gegenwehr*, Würzburg 2002.

- *Endlich Chef – was nun? Was Sie in der neuen Position wissen müssen*, Frankfurt/New York 2000.

- *Trouble-Shooting für den ersten Führungsjob. Schnelle Lösungen für die brennendsten Probleme*, Frankfurt/New York 2002.

- »Von der Sekretärin zur Vorgesetzten«, in: *Das Sekretärinnen-Handbuch. Ihr Praxisratgeber für das erfolgreiche Sekretariat. 7/01*, Bonn 2001.

Graf, Otto: »Arbeitsablauf und Arbeitsrhythmus«, in: *Handbuch der gesamten Arbeitsmedizin*, Hrsg. Gunther Lehmann, Berlin 1961.

Ichbiah, Daniel: *Die Microsoft Story. Bill Gates und das erfolgreichste Software-Unternehmen der Welt*, 4. Auflage, München 1996.

Kinkel, Ansgar und von Preen, Alexander: *Karriereguide für High Potentials*, Frankfurt/New York 2000.

McGregor, Douglas: *Der Mensch im Unternehmen*, Düsseldorf 1970.

Winston, Stefanie: *Organisation im Büro. Von Ablage bis Zeitplanung*, München 1994.

Wagner, Abe: *Besser führen mit der Transaktionsanalyse*, 2. Auflage, Wiesbaden 1992.

»GORE – no ranks, no titles«, in: *Wirtschaft, das IHK-Magazin für München und Oberbayern*, 2/2001, Hrsg. Industrie- und Handelskammer für München und Oberbayern, München 2001.

Register